数学とはどんな学問か？

数学嫌いのための数学入門

津田一郎　著

ブルーバックス

カバー装幀 ── 芦澤泰偉・児崎雅淑

カバーイラスト ── 児崎雅淑（芦澤泰偉事務所）

本文デザイン ── 齋藤ひさの

本文図版 ── 西田岳郎

はじめに

「大人はいつも嘘をつく」「大人は子供をだますものだ」

　幼い頃、いつも私はこう思っていました。子供をあやすため、子供にいうことを聞かせるために、大人はよく嘘をつきます。子供心に大人の嘘にうっすらと気づいていた筆者は、このことが嫌いでした。口の中で風船がプーっと膨らんで苦しくなっていくような感覚があったのをよく記憶しています。「大人の言葉を鵜呑みにはできない、何が一番信用できるのだろう」と考えていました。

　そんなとき数学（最初は算数でしたが）に出会って、「初めて信用できるものに出会った」という気がしました。さまざまな問題の解き方はあっても、答えは必ず一つ。数学は絶対に嘘をつかなかったからです。

　ちょっと変わった子供だったのかもしれません。けれど、小説や漫画、アニメの世界にはまっていくのと同じように、私にとって、現実の理不尽で面倒なことから離れてのめりこめる世界が、数学だったのです。

　いまでは数学者となったわけですが、その過程を最初に少しお話しさせてください。

　筆者の子供時代を振り返ると、小学校の中学年くらいまでは算数も他の科目も勉強をすごくしたという記憶はありません。野山を走り回ったり、野球をしたり、昆虫採集や

魚採りに夢中になったり、雲をぼーっと眺めたりしていました。

　母親に「5分でいいから机の前に座って勉強しなさい」と言われると、勉強をするわけでもなく、時計とにらめっこして5分経ったら遊びに行っていました。そのうち何もしていないことがばれて、「毎日の勉強」という解説付き問題集を渡されたのです。

　見ると、国語、社会は字が多い。理科は絵があるのでまだましだが、それでも字が多い。文章を読むのは面倒だなあと思って、算数を見ると、文章が少なく数字と記号だけです。「これは楽だ」と思って、算数だけやっていました。これが算数との最初の出会いです。

　とくに解説や答えを見ることもなく、ひたすら計算ばかりしていました。それが楽しかった。

　数そのものが好きだったのですが、高学年になって、植木算や鶴亀算が出てきて、その解決の仕方に感動したことを思い出します。一見ややこしそうに見える問題も、じっくり筋道を立てて考えれば、なるほどという解決法が見つかります。

　中学校になると、学校の勉強では飽き足らなくなって、ユークリッドの『原論』をたまたま本屋で見つけて読み始め（読んだのは多分そのごく一部だったと思いますが）、夢中になっていきました。

　ただ、そのまま順調に数学の道を歩んだわけではありません。高校に入ったとき、同級生に数学好きの素晴らしい友人がいて、なるほど数学的センスというのはこういうも

のかと思い知らされたのです。自分には生まれ持った数学的センスはないな、と数学の道に進むのを諦めて、しばらく茫然自失の時を過ごしました。

その後、物理という学問に出会って目の前が開けた気がして、大学では物理学科に進み、物理の研究者になりました。しかし、興味はやはり数学的なほうにどんどんシフトしていき、気が付くと、大学の数学科で教えることになっていたのでした。

こうして、今日まで濃淡はあるにせよ、ほぼ50年この学問に付き合ってきましたが、一度も数学に裏切られたことはありません。どんな小さな、あるいはどんな易しい問題でも、数学と向き合うと心が落ち着きます。

それは、これからお話ししていくように、数学の世界には、古代ギリシャから綿々と続く人々の営みが凝集され、浄化された世界が広がっているからでしょうか。さらに広い世界、宇宙とのつながりさえも感じることができます。

この感覚は宗教的な感覚に近いかもしれません。筆者自身は特別な宗教を持たず、無宗教です。宗教そのものにあまり関心がないのは、おそらく数学そのものが自身にとっての宗教的存在であり続けたからかもしれません。ギリシャ時代だったら、きっとピタゴラスの定理で有名なピタゴラス教団に入信していたに違いありません。

だからこそ、私にとって心安らげる場である数学が、多くの一般の方々にとっては「とっつきにくい」「苦手だ」と思われていると聞くと、寂しいような、ちょっと不思議な

気持ちになります。なぜなら、数学は誰にでも理解できる、誰にでも好きになれる学問だと思っているからです。数学は、誰に対しても平等で、誠実な存在なのです。

　数学者は変わっているから、という一言で片づけられてしまうかもしれませんが、そうではありません。本書を執筆するうえで、改めて「数学とはどんな学問か」ということを考えてみたのですが、客観的に見ても、やっぱり数学は誰にでも親しみの持てる学問なのです。ぜひ私の言葉を信じて、読み進めてみてください。

　本書は数学嫌いな人が数学を身近なものに感じてほんの少し好きになるように、そして数学好きの人には今までとは違った視点で数学を見直し、今まで以上に数学の魅力を感じてもらえるようにという思いで執筆したものです。皆さんには、数学が他のさまざまな科学分野と深い関係を持っていることを知ってほしいと思います。

　私は、カオスや複雑系と呼ばれる分野を専門としてきて、数学で脳の情報処理の仕組みを解き明かす複雑系カオス脳理論というものに取り組んでいます。これは、数学のジャンルでいえば「応用数学」といって、数学とさまざまな分野が交錯する領域です。その経験から、数学の広がり、さまざまなジャンルと繋がっていくおもしろさも、本書で味わってもらえたらと思っています。

　数学は諸科学と独立して存在できますが、しかし数学が諸科学と関係を結ぶところにも新しい数学の芽が存在します。それどころか、数学は人の心の働き、心の動かし方を抽象化した学問だと言ってもよいくらいです。それゆえ、数

学は身近な存在でもあるのです。すべての人の心の奥底に
ある共通部分を絞り出し、文字や式で象(かたど)ったものが数学だ
からです。

　……このように私がお話しする意味は、本書を読めばお
分かりいただけるはずです。

　本書で扱うテーマは、数学の基本を形作る「測定」「計算」
「論理（推論）」と関係しています。またどのテーマも、そ
の成り立ちを問い、これら三つの基本のいずれかと関連づ
けて説明していきますので、数学が好きな人にとっても嫌
いな人にとっても、新しい発見があるのではないかと期待
しています（ただし、「もうそんなこと知ってるよ」と思う
部分があれば、読み飛ばしてもらって構いません）。

　本書の目的は、数学とはどんな学問かをその根本に立ち
返りながら考えていき、数学を「常識にとらわれない新し
い視点」でとらえられるようになることです。

　アルベルト・アインシュタインは「常識とは18歳までに
積み重なった偏見の累積でしかない」と言いました。筆者
は本書を通じてこの常識の限界を突破し、新しい数学観を
読者とともに打ち立てたいと考えています。

　前置きが少々長くなりましたが、さあ、始めましょうか。

ステップ4
「数学のおもしろさ」を感じてみる…175
～ 〝意味〞が分かれば見える世界が変わってくる

「数学嫌い」は錯覚である

「数学とはどんな学問か」を考える前に

「数学が分からない」は錯覚？

「数学は誰でも分かる学問だ」と言ったら、読者の皆さんはびっくりするでしょうか。数学が好きな人や得意な人ならいざ知らず、「数学と聞いただけでめまいがする」という人や「数学は私とは一切関係ございません」などと思っている人は、数学が誰にも分かると聞けば、「それならなぜ私は数学嫌いになったのだ」との思いを強くするでしょう。

「数学が嫌いだ」「数学が分からない」という感想を持つ人の中には、「学校の数学の授業が嫌だった」という人が意外に多いようです。私も大学の数学教師を何十年もしてきましたので、そういわれると忸怩たる思いはありますし、確かに数学教師の中には、数学は好きだけれど数学を人に教えることが上手ではないという人が多いことも否定できません。
「はじめに」でも少し触れたように、数学という学問を一言でいえば「誠実さ」ということに尽きるでしょうから、その数学と付き合うには、やはり誠実に数学と向き合うことが必要なのです。そうすると、自然と、世間一般の常識からは少々ずれてしまうこともいたしかたない、と思えるのです。しかしここでは、数学教師の問題はひとまず置くことにしましょう。もっと大事なことがあるからです。

　大事なのは、数学の本質を知ることです。「数学がどういう学問か」ということの誤解が、けっこう多くの人の中にあ

16

ると私は見ています。その誤解が、数学嫌いや数学が分からないという錯覚（！）を生んでいる根本ではないかと思えるのです。本書で紹介していくように、順を追って、数学への理解を少しずつ深めていけば、数学は誰にでも理解できる学問なのです。

数学の迷い道への入り口

いきなり数学が分からなくなるというよりも、中学校、高校と進むにつれて徐々に数学が自分とは無関係な学科、学問になっていってしまうようです。数学の迷い道に入ってしまうきっかけが、$x, y, t, d, \int, \Sigma, \cdots$ といった記号が登場してくるところ、という人は多いのではないでしょうか。

数学の基本となる数式は文字と記号から成り立っていますが、さまざまな記号があるので、「なんでわざわざこんな文字や記号を使うのだろう」という疑問を持った途端、自分が属する日常の世界から数学が消えてしまった人がなんと多いことでしょうか。

小学校で習う算数では、数式はほとんど出てきません。記号も足し算の ＋、引き算の −、掛け算の ×、割り算の ÷ くらいですね。算数では数式を使わないで、論理的に考えることで答えを導いていきます。例えば、「鶴と亀が合わせて 6 匹います。足の数は合計 20 本でした。このとき、鶴と亀はそれぞれ何匹いるでしょう？」という鶴亀算などです。

むろん、算数のときから嫌いだったという人はいるでしょ

う。しかし、一度考え方のコツが分かると、「なるほど、鶴と亀の足の数の違いから、どっちがどれだけいるかが分かるのか」と楽しくなった経験のある人も多いと思います。

■ 「意味の世界」で生きる私たちの「脳のクセ」

このように、算数で考えた鶴亀算は、中学になると連立方程式によって解を求める方法を学びます。鶴の数を x、亀の数を y などと置き換えて数式で表し、よりシンプルに解けるようになるのですが、記号に抵抗があると、これがかえって難しく感じてしまうようです。

これは人の「脳のクセ」によっているのだと思います。人は一般に、「意味」の世界で生きています。身の回りにあるものはすべて意味を持っていると仮定して生活しています。意味が分かると、人は「理解できた」と思うのです。

算数の鶴亀算では、鶴の足は2本、亀の足は4本、というように意味を持ったものを扱います。終始意味の明確なものを対象にして計算していきますから、どの段階でも、何を計算しているのか理解できているのです。

それに対して連立方程式では、普段の生活には使わない文字が出てきます。この問題のときだけ、鶴の数とか亀の数が x や y という文字に〝化ける〟のです。まず、ここで躓くのではないでしょうか。数学が「とっつきにくい」と思われる大きな理由の一つです。

そのまま連立方程式を解くことを機械的に覚えると、計

算の各段に意味を見出すことが困難になっていきます。本当はそれぞれ意味があるのですが、機械的に解くので、その意味が見えなくなってしまうのです。答えが出れば一応の達成感はあるでしょうが、「ほー、すごい」というほどの感動ではないでしょうね。

 ## 意味を伝えるための単語

さて、ではなぜ人は記号や文字が出てくると躓くのでしょうか。もう少し、丁寧に見ていきましょう。

今、皆さんは私が書いた文章を読んでいますね。日本語で書かれた文章です。日本語を学んだことがない外国の人には何のことかさっぱり分からない、まるで暗号か何かのように見えるかもしれません。

本来言語はどの国の言葉でも、最小の要素から成り立っています。それがアルファベットです。アルファベットという言い方はギリシャ語の α（アルファ）、β（ベータ）を続けていったときの発音に由来しています。英語のアルファベットは $a, b, c, \cdots, z$ で 26 文字です。アルファベットは原則として一つの文字に母音か子音を割り当てた表音文字です。

日本語の場合は厳密に言うとこの原則に当てはまるように表音文字が構成されていませんが、いちおう対応するものとして、あ、い、う、…、を、ん、のいわゆる「五十音」があります。「五十音」をローマ字で書くと〈あ、い、う、

え、お、ん〉以外は子音と母音の組み合わせになりますから、英語などのアルファベットと少し違っていますね。それでも「五十音」は日本語の「音の単位」と考えることができます。これらは音を表すので、それだけでは意味はありません。

　アルファベットを何個か組み合わせて、単語というものが作られます。車 (car)、言葉 (word)、リンゴ (apple)、ライオン (lion)、学校 (school)、数学 (mathematics)、……などなど、これが単語です。**単語は言葉によって意味を伝えるときの最小単位です。**
　この意味を持つ単語をつなげて文章を作り、人々は自分の意志や、望むこと、行為、あるいは他人や動物たち、いわゆる他者の行動や考えの記述、あるいは自然現象の記述などを行ってきました。この原則は、どんな国、どんな地方の言葉でも共通です。

　ここで私が強調したいことは、人は何か意味のあることを伝えるときには単語を使うということです。言葉で意味を伝えるには、単語と単語が並んだものを使います。皆さん、これには慣れているわけですね。
（しばしばコンピューターなどの人工言語と区別する目的で、人が日常的に使っている言葉を「自然言語」と言ったりします。本書でもこの言い方を使うことがありますが、堅苦しいと思ったら、「ことば」と言い換えてみてください。）

それが記号に "化ける" とどうなるか?

　翻（ひるがえ）って、数学ではどうでしょうか。数学に出てくる式は、しばしばアルファベットで構成されています。例えば、$a + b = c$ のように。

　＋ や ＝ は記号です。a, b, c は英語のアルファベットです。これら単独では何の意味もありません。でも数学では、それぞれがまるで単語のように意味を持ってしまうのです。a は金 $1\,\mathrm{cm}^3$ の重さ、b は銀 $1\,\mathrm{cm}^3$ の重さ、c は金 $1\,\mathrm{cm}^3$ と銀 $1\,\mathrm{cm}^3$ の重さの合計、という具合です。

　これは何も、金、銀の重さに限りません。a は東京から名古屋までの新幹線での距離、b は名古屋から新大阪までの新幹線での距離、c は東京から新大阪までの新幹線での距離としても構いません。

　しかし、意味のつけ方によっては $a + b = c$ を満たさないものもありますから、何でもいいというわけではありません。

　例えば、もし a を大阪から京都までの直線距離、b を京都から名古屋までの直線距離、c を大阪から名古屋までの直線距離とすると、$+, =$ の記号の意味を上と同じ意味にとって、三角形の二辺の和は他の一辺より長いという定理を使うと、$a + b > c$ となって上の等式 $a + b = c$ を満たしません。ですから、a, b, c にこのような意味をつけることはできません。

　こういう制限はありますが、アルファベットや記号にい

21

ろんな意味がつけられるということが重要です。この例では、足し算 $a+b=c$ という規則の中では自由に。

もともと意味なんてなかったアルファベットや記号に意味をつける、しかもかなり自由に——おそらく、これが躓く理由の一つです。

もちろん数学の抽象的な世界だけに限れば、ある式の意味は一意に決まっていますし、その場合のアルファベットの数学的な意味は決まってしまうのですが、そもそも「アルファベットに意味をつけられる」というように考えたところに、数学が他の言語体系と異なるものになった大きな理由があるのだと私は考えています。しかし、このことが多くの人を惑わせる結果になってしまっているようです。

数学は一つの「言語」である

こう考えていくと、数学も一つの言語だと捉えることができます。実際、数学は人が日常的に使う自然言語とは少しばかり異なる構造を持ちますが、「言語」なのです。

数学ではアルファベット、つまり文字（や記号）に意味をつけてさまざまなことを表現しようとしているのです。そうです。「言語」として見たときには、数学はちょっと風変わりな言語なのです。

その意味の体系を、またその大きさをここで詳しく議論することはできませんが、数学が文字にも意味を見出す学

問だということから、次のような考察をしてみましょう。

　およそ言葉というものの最小単位はアルファベットです。あるいは日本語のような「五十音」です。数学は、この文字そのものに意味をつけます。ということは、世界中でもっとも多くの意味を持つ言語だということになります。意味体系としては、どんな言語よりも他のどんな学問分野が持つものよりも巨大な意味の体系です。

　つまり**数学は、世界の中でもっとも多様な種類の出来事を表現できる可能性を秘めた意味体系**だということになりますね。すごいことじゃないでしょうか。でもそれゆえに、習得するのにちょっとしたコツと努力が必要なことも事実です。

数学は巨大な意味創造マシーン

　仮に英語のアルファベットの一つ一つに異なる意味がつけられたとして、その2文字のつながり、3文字のつながり……そして26文字すべてのつながりにも意味がつけられたとしましょう。さらに、複数の文字列の順番を入れ替えたもの、つまり、ab と ba、cde と dec と ecd などはすべて異なる意味を持つとします。

　これは膨大な数になります。26文字の異なる連なりがどれだけあるかというと、計算方法はここでは省略しますが、およそ 4×10^{26} 通りあります。これが26文字以下の並びすべてについて足し合わされます。およそ 10^{27} 通りです。これはヒトの大脳の神経細胞の数およそ100億の 10^{17} 倍

（10京、つまり1兆の10万倍）の大きさです。

　日本語の「五十音」では現在は45音韻ですから、原理的にはもっとたくさんの意味がつけられます。計算すると、およそ $3.3 \times 10^{56} = 330,000,000,000,000,000,000,000,000,$ $000,000,000,000,000,000,000,000,000$ の値になります。

　あまりに大きくてイメージが湧かないかもしれませんので、ちょっと例を挙げてみましょう。

　皆さんの大脳の中の神経細胞の数はおよそ100億個、つまり 10^{10} 個です。神経細胞はシナプスと呼ばれる結合部を持ち、互いに結合してネットワークを作りますが、この結合数はおよそ 10^{13} 個あると言われています。10^{56} には遠く及びません。太陽と地球の間の距離は約1億5000万km、つまり 1.5×10^8 km ですし、現在考えられている宇宙の半径（約 10^{23} km。観測可能な範囲の大きさです）でさえ、まだ 10^{56} には及びません。また物質量の単位である1モルの中には 6×10^{23} 個の物質の構成粒子が入っています。これも巨大な数ですが、これでもまだ足りません。人体を構成している原子の数はおよそ 10^{28} 個です。

　地球上の水分子の総数は 10^{47} 個と見積もられていますから、それよりさらに多く、超新星爆発で放出されるニュートリノがおよそ 10^{58} 個と言われていますから、それに匹敵する多さです。あるいは、太陽内の原子数 10^{57} に匹敵します。

想像を遥かに超える可能性を秘めている

単なる文字の並べ替えだけで、これほどの意味をつけられる可能性があることが分かりました。数学では、アルファベットだけでなく、$\int, \Sigma, \pi, !, \varepsilon, \delta, \cdots$などの記号も使います。通常は$\int$は積分記号、$\Sigma$は和の記号、！は階乗などと、断りがない限り決まった意味を持たせていますが、これらの記号を通常とは異なる意味に使っても構わないのです。

例えば、Σを行列を表すのに使っても構いませんし、座標系や空間を表すのに使っても構いません。そう断れば混乱は起きません。

このように、それぞれの文字や記号は、場合によってさまざまな「意味」をつけることができるので、それを数式として表現していくと、想像を遥かに超える可能性を秘めているというわけです。

Column

人の営みはどれくらい大きいか

話のついでに、人類が作ってきたさまざまなものがどれくらい規模の大きなものかを見てみましょう。こうした人の営みも、数学に支えられているからです。人は進化とともに言葉（自然言語）を作り、コンピューターが扱う人工言語を作り、さまざまな建築物を作り、さまざまな発明や発見を行い、科学の体系を作り、技術を革新させ、環境を改変し、生活の仕方を変えてきました。

人の営みに伴う「数」は無数にありますが、一つだけ例

をあげましょう。近年、深層学習という仕組みを搭載した人工知能 Alpha Go が囲碁の世界チャンピオンのイ・セドルを破ったことで注目を集めました。深層学習とは、人間の脳の一部の構造を模した神経回路（ニューラルネットワーク）の学習理論を応用して作られたものです。

19×19 の格子からなる、碁盤上の可能な白黒の配置のパターン数はいくらあるでしょうか。一つの格子点に白があるか、黒があるか、あるいは何も置かれていないかの三つの場合の数があります。それが $19 \times 19 = 361$ 個の格子点について起こりうるわけですから、全部で $3^{361} = 1.74 \times 10^{172}$ 通りあることになります。さらに、打ち方の手順の場合の数は約 10^{360} 通りあることが知られています。

これがどれくらい大きな数かということですが、観測可能な宇宙にある原子数より大きな数なのです。

人工知能の仕組みも、数学によって生み出された理論が基になっています。

現代の人工知能は、脳の神経細胞（ニューロン）のネットワークがニューロン間のつなぎ目であるシナプスの強度変化によって経験を学習する――という原理を導入することで革新されたのですが、この学習の規則は数式で表すことができます。ニューロンのネットワークをシナプス結合強度を要素とする行列で表すことができ、この行列の変換規則として脳の学習をとらえることができます。

人工知能はこの原理を搭載することで、未知のさまざまなパターンを学習し、今や画像処理能力はヒト以上ですし、将棋や碁でも超一流の棋士を負かすまでになっています。これほど大きな営みも、数学によって生み出されたのだということを少し感じていただけたでしょうか。

数学の要 ＝ 論理

　数学が分からなくなる大きな原因は、文字に意味をつけることにあるということを見てきました。しかし、逆にそのことで数学という学問は宇宙よりも大きな可能性に言及できるようになったのですから、人類の能力を、ひいてはあなたの能力をさらに引き出してくれる存在でもあるのです。

　そうはいっても、数学の厳格性、厳密性が堅苦しくていやだと思う人もいるはずです。厳格性は数学のまさによりどころなので、そこに馴染めないと数学が嫌いだということになるでしょう。

　数学の厳格性は、数学が論理に基づいて推論を重ねていく（これを「証明」といいます）ところから来ています。ところがヒトは意外と論理的な間違いをしやすいのです。ヒトという生物種のかなり根本に関わる問題でもあります。ここが、数学に苦手意識を持つ人が多い二つ目のポイントだと思います。

論理が苦手な原因は、チンパンジーとの違いにある

　チンパンジーとヒトの赤ちゃんの発達過程を比較した研究がありますが、それに基づくと、チンパンジーは言語というもの、少なくともヒトが使う言語と同じような機能を持つ言語を獲得できていないことが分かります。

27

もともと意味のついていない記号や図形が、意味を持つ「言語」になるには、これら記号や図形を見たときにそれが表す具体的なものが頭に浮かぶことが必要です。それにはその記号や図形とそれが表す具体的なものが同一だという認識ができなくてはなりません。

　例えば、Xという記号（あるいはこれを図形と見てもいいでしょう）がバナナを表すことを学習するには、Xを見たらバナナを思い、バナナを見たらXを思わなくてはなりません。チンパンジーの実験では、バナナを見せたらXと書かれたパネルをとってくることができるのに、Xと書かれたパネルを見せてもバナナをとってくることはできませんでした。ところが、ヒトの赤ちゃんはこれをいとも簡単にやってのけるのです。

「本来は違うものを同じものとみなす」というのは論理的にはおかしいわけですが、ヒトの赤ちゃんはこの同一視を簡単にやってのけます。命題AとBがあったとき、「AならばB」は必ずしも「BならばA」を意味しません。しかし、ヒトの赤ちゃんはまるでこの二つの推論を共に正しいことのように言葉の習得に利用しているかのようです。

　ヒトの赤ちゃんは、成長と共に言語獲得ができるわけですが、このチンパンジーとの違いが、ヒトが論理間違いを犯しやすい原因の一つだと私は見ています（チンパンジーが論理的だと言っているのではありません）。このことを踏まえると、論理はヒトにとって自然な推論方式を与えないということになります。ですから、数学がよりどころにし

ている論理的思考に戸惑いを感じるのは、大変自然なことなのです。

こうした理由から、数学と向き合うにはちょっとした努力が必要です。ちょっとした我慢ですね。自分の自然な思考の流れを止めて、少しだけそこからずれてみましょう。すると、論理の力で今まで見えなかった世界が見えてくるのです。

数学は科学の共通言語

では、本当に数学は、多くの人が思っているようにとっつきにくい学問なのでしょうか？　私はそうは思いません。なぜなら次の「ステップ1」で見ていくように、数学の発展は人々の大変素朴な欲求に端を発しています。つまり、数学は「人の心の形」という側面を持っているのです。

ここで、少し視点を変えて次のような質問を発してみましょう。

——数学は、自然科学でしょうか？

大学では自然を探究する理学部に数学科は属していますから、数学は自然科学だと言う人もいます。しかし私は、数学は自然科学ではないと思っています。

自然現象、つまり物理現象や化学反応にかかわる諸現象、

生物に関するさまざまな現象のどれをとっても、それを記述するためだけに数学は生まれたわけではありません。また経済の動向のような、あるいはそれに基づいた人や企業の行動のような社会現象を記述するために生まれたわけでもありません。現在も新しい数学が生まれ続けていますが、それらの中には、現象を記述するために必要になる数学もあります。

しかし、いったんその現象を記述するように構成された数学は、じつは他の現象にも適用可能になるという性質（これを**普遍性**といいます）を持っています。どうしてでしょうか？

それは数学が抽象的だからです。どんなに具体的な現象を扱っても、いったん数学的に定式化すれば、具体的な現象を一段高いところから見渡すことができます。そうすると、その現象に限らず、他の現象も視野に入ってくるというわけです。建物の1階にいると見えなかった風景が、2階に上がるとよく見渡せるようなものです。

数学は、物理学、化学、生物学、地学、工学のさまざまな分野、経済学、歴史学、心理学、教育学、民俗学、哲学、倫理学、音楽や絵画などの芸術といったどの学問・芸術分野とも本質的なところで異なっています。逆に数学の一つの定理が物理学のある分野に使われることもあれば、化学や生物学、経済学で使われることもありうるのです。

むろんそのような例は限定的かもしれませんが、可能性としてはすべての学問・芸術に応用ができるのです。つま

り、数学は必要とあらばどの分野にでも使える可能性を秘めた学問なんですね。

　これを、ちょっとしかつめらしく、「**数学は諸科学の共通言語である**」と言ったりします。

　例えば「合成関数の微分の公式（定理)」というものがあるのですが、これは、異なる媒質間（例えば水と空気）を光が屈折して通過するときの最短経路を求めるときにも使われますし、最近はやりの人工知能の頭脳である神経回路がエントロピーを最小にするように学習するときの神経回路の結合の変化を求めるときにも使われます。また、資本と労働力で生産量が決まっているとしたときに、生産量を維持するために必要な資本当たりの追加労働力を求める経済学の問題でも合成関数の微分の公式が使われます。

 数学は実生活でも役に立つ

　つまり、いったん数学にしてしまえば、どの分野でもその数学の公式なり定理なり、また数学的な証明の手順なども使用可能になるのです。数学を学んでおけば、どんな分野に行っても困ることはない、と言えば大げさに過ぎるでしょうか。いや、意外と大げさなんかではなく、本当に数学をやっておけばいろんなところで役に立つのです。

　例えば、先ほど触れた数学の基礎となる論理的思考が身につくと、簡単には詐欺に引っかからなくなります。「え？」と思われるかもしれませんが、ちょっとお付き合いください。

正しいか、正しくないかが論理によって判断できる文章表現を、数学では「命題」といいます。詐欺というのは、言ってみれば「詐欺師の言う〈ある命題〉が真であると仮定して、〈別の命題〉を真であると結論づける」手口です。

　しかし、詐欺師はその命題が真であることを証明しません。証明する代わりに、情に訴えたり、話をそらして別の話をうまく持ち込んだりしてその命題がいかにも真であると思わせるのです。真だと証明されていないのですから、どのように仮定しても仮定した結論しか出ません。

 ## 数学者は詐欺に引っかかりにくい？

　数学が分からない人はそもそも論理がよく分からないという人が多いようなので、論理に関しては、後で詳しく説明します（ステップ1、2）が、ここでも少し例を挙げてみましょう。

　オレオレ詐欺を例にとります。息子 a を名乗る男 b は、a の母親に電話をかけます。
「オレは a です」
「会社の大事なお金をなくして困っている」
「○○の口座に振り込んでほしい」
　電話の主が a だと母親に思い込ませるために、つまり「オレは a です」という命題が正しい（真である）ことを示すために、b は状況説明をして、「オレは a です」が間違っていないことを主張します。

　例えば、声がいつもと違うのは「風邪をひいて喉の調子がおかしい」。いつもと違う番号からかけてきたのは、「詐欺の電話がかかってきたので携帯番号を変えた」……などです。

　しかし、論理的に考えれば、これは「オレはaです」を証明していません。もともとは偽の命題ですが、詐欺師はこれを真だと思い込ませようと、あの手この手で〝状況証拠〟を作っていくのです。数学的な証明なしに。これを真だと母親に思わせることができれば、母親は「○○の口座に振り込む」ことが真（なる行為）だと推論します。

　ただし、あとでゆっくりご紹介するように、数学をやっておくと、真であると証明されていない命題を仮定して推論を続けることはなくなります。ですから、数学者は詐欺には引っかかりにくいのです。真に至る証明のプロセスをよく見る習慣がつくからですね。

 ## 正しい判断をするための学問

　少し極端ですが、学校で習った数学で役に立った定理は三角形の性質である「三角形の二辺の和は他の一辺より長い」だけだ、などという人がいます。これは先ほど、大阪、京都、名古屋、それぞれの間の距離の話でも出てきました。街を歩くとき、どの道を通れば目的の場所に早く行けるか、多くの人はこの三角形の性質を使って直感的に判断できるの

33

です。だから、この知識はとても役に立つというわけです。

　しかし、数学の中で役に立つのがこれだけだとしたら、何とも寂しい限りです。実際、今見てきたように、数学を学ぶことで論理的思考力が身につきます。すると詐欺師に騙されなくなる。それだけではなく、ふだんから、論理的な思考が磨かれ、いろんな社会状況の中で正しい判断ができる可能性が高まるのです。

　一見論理的に話すテレビのコメンテーター、○○大学教授の説明などがどの程度信用できるかも、かなり正しく判断できるようになります。これだけでもすごく得だと思いませんか。また、統計学などをちゃんと学んでおけば、現実に現れる統計データに騙されることはなくなるでしょう。

 ## 数学科卒は就職に有利？

　この10年間で、アメリカ合衆国の産業構造はガラッと変わりました。アメリカのGAFA（Google, Amazon, Facebook, Apple）にMicrosoftを加えたIT5社では、新入社員のかなりの割合が数学科卒の学生だそうです。実際そのようなデータが開示されています。数学科を出ると企業に就職できるチャンスが増え、生活に余裕ができるということでしょうか。

　なぜ数学科の学生が企業にモテるのかというと、論理的思考力が身についているので、仮に環境が変化したとして

も新しい企画を出したり、新しいソフトを作ったりすることができるからだと言われています。つまり、企業が真のイノベーション（破壊的イノベーションと言ったりします）を行うには、頭脳を正しく働かせる人が必要なのだということです。

　ここまで、数学が決してとっつきにくい学問ではないこと、大きな可能性を秘めた学問であること、実生活でも役立つのだということをお話ししてきました。もう一度、数学を学び直してみようかな、と思っていただけたら嬉しいですが、いくら数学者の私が「数学は楽しい学問なのだ」と言っても、すぐには納得してもらえないかもしれません。本書では、少しずつステップを踏んで「数学とはどんな学問か」を一緒に考えていきたいと思います。

「数学のはじまり」を知ってみる

数学は人間の想念そのものである

プロローグでは、数学がどんな特徴を持つ学問かのエッセンスを見てきました。本章では、「数学が生まれた物語」をかいつまんで紹介したいと思います。これが、数学を知るための第一段階です。

　この「ステップ1」に書かれていることは、いわゆる数学史ではありません。昔の人々が何を考え、どのようにして数学という概念を生み出すに至ったかを、いくつかの事実をもとに私なりにスクリプトを展開したものです。本書のテーマである「数学がどんな学問か」を考えるときに、数学がどのように始まり、どのように発展していったかを知ることが大切になってきます。そうして考えていくと、数学は人間の想念そのものを表していると感じられるはずです。

　数学は代数、幾何、解析の3分野からなるというのが、高校までに習う分類です。これが基本です。しかし、数学はこれだけにとどまりません。応用数学という、諸科学と関連する広い分野があります。この中には、統計学や情報分野や理論物理学なども含まれ、数学の基本3分野と応用数学を合わせて「数理科学」ということがあります。ここでは、そうした数学の広がりまで紹介していきましょう。

原初的心の発露

　原始の昔、太陽の暖かい光を受け、また星空を眺め大きく黄色に輝く月を見ながら、人々は何を思っていたのでしょうか。人間という生物種には、他の動物とは異なる特殊な脳のクセがあるようです。先に触れた脳のクセとはまたちょっ

と違った側面も持っています。

　それは、動くもの、変化するものを見れば、そのものが次にどんな振る舞いをするかを、背後にあるまだ見ぬ法則や規則を仮定して予測するというクセです。どんな動物も大なり小なり、予測をして行動を決定しているのですが、人間はその存在さえ確定しない「見えない法則の存在」を信じる傾向があるのです。

　太陽は毎日東の空から出て西の空に沈みます。しかし、太陽の位置も少しずつ変化し、季節がそれに伴って訪れ、1年が経過すると同じことが繰り返されます。月は夜になるとある方向に顔を出しますが、位置や形は徐々に変化していきます。それでも、ひと月近く経てば同じことを繰り返すように見えます。

　こういった繰り返しのある変化、周期変化や概周期変化（厳密に周期的ではなく、多少の揺らぎはあるが大まかに言って周期的に変化すること）が目の前の自然現象として起こると、**人間は、この現象の背後に何かそれを操る規則があるのだと感じる**ようです。

　古代のエジプトやバビロニア、インド、中国では日の出・日の入りの時刻の測量がおこなわれ、天体観測が始まりますが、それに伴い、三角法という遠くにあるものの高さや距離を計算する方法が開発されました。2世紀頃にはプトレマイオス（古代ローマ時代のギリシャの数学者・天文学者）が三角法を確立します。今日の測量技術もこの三角法に基づいていますが、ここから三角関数が起こってきます。

三角関数は、周期的な運動を表すのに大変便利なものなのです。

　古代の多くの人々は、天体の周期的、概周期的な運動に神のような抗しがたい絶対者を仮設しましたが、自らの心に浮かべることのできる〝神の形〟をも仮設しました。私は、この「心の動き」が数学という学問の始まりだったのではないか、古代の人々が〝**神の形**〟として心に刻印したものが**数学だったのではないか**と考えています。二、三、例を挙げて説明しましょう。

「土地の大きさを測りたい心」の発露：解析学、幾何学の始まり

　古代エジプトでは、ナイル川が定期的に氾濫したことで多くの栄養分が下流域に運ばれたため、土地は豊かになり農業が盛んになりました。一方、氾濫の時期を正確に予測することや、氾濫によって荒れた土地の再区画整備を余儀なくされました。

　このことが、天体や気候の観測技術と土地の測量技術の発展を促したのです。土地の区画を決めたり、面積を求めたりすることが必要でした。また、星の動きの観察から暦を作ることも行われました。さらには、巨大なピラミッドを作るためにも正確な測量は欠かせませんでしたので、強大な権力に伴う王の意志が、より精度の高い測量技術を発展させました。

　そもそも一般の人々にとっても、隣の土地と自分の土地

のどちらが広いかは大きな関心事であったに違いありません。**大きさを測りたいという強い欲求から、面積を計算する方法が開発されたのです。**

　現在の積分の近似計算のもとになった「取り尽くし法」がすでに紀元前 17 世紀にエジプトで行われていたとも言われていますが、与えられた図形の周囲の長さや面積や体積を計算する近似法として取り尽くし法を確立したのは、古代ギリシャのエウドクソス（紀元前 4 世紀に活躍した数学者・天文学者）です。同じく古代ギリシャのアルキメデス（紀元前 3 世紀に活躍した数学者・物理学者）も取り尽くし法によって円周の長さを近似的に計算し、円周率 π の近似値を計算しています。

 積分のもとになった「取り尽くし法」

　では、その取り尽くし法とはどのようなものか、ご紹介しておきましょう。図 1.1 も参照してください。ここでは話を簡単にするために、二次元平面上の外側に出っ張りを持つ凸図形だけを考えます。

　黒い実線で描かれたような図形に内接する多角形を考えてみます（内側から接することを内接といいます。「多角形が内側から接する」とは、元の図形に含まれる多角形の各頂点が元の図形の辺上にあることをいいます）。それを長方形や三角形のような、面積が簡単に計算できるものに分割することで、多角形の面積を計算していきます。

図1.1の中にある長方形の面積は、元の図形の面積より
は明らかに小さいですね。この内接する多角形の辺を増や
して元の図形により近い図形の面積を計算すると、元の図
形の面積よりは小さいけれど、最初の長方形で計算した面
積よりは元の図形に近い面積が得られます。

　これを繰り返していくと、元の図形の面積を〝下から〟
近似していくことになります。多角形の辺の数を増やせば
元の図形の面積により近づいていきます。このことを「近
似がよくなる」といいます。

　図1.1上では、楕円の面積を内側の長方形で近似し、さ
らにその外側の八角形（点線で示しています）で近似して
います。八角形のほうが長方形よりも元の楕円の面積に近
づいていることが分かります。よりよい近似が得られてい
ます。

　不定形の図形ではこんなに簡単にはいきませんが、それ
でも考え方は同じです。

　取り尽くし法という呼び名には、「内側の面積を取り尽く
す」という意味があります。実際、取り尽くし法は内接多
角形で面積を近似する方法として発明されましたが、後の
一般的な話につなげるために、以下のような外側からの近
似も考えておきましょう。ここでは、この二つの近似をあ
わせて、取り尽くし法と呼ぶことにします。

　次に、元の図形に外接する多角形（外接する多角形とは、
元の図形を含む多角形の各辺が元の図形のどこかと接して
いることをいいます）を考え、同様の計算を行います（図
1.1下）。多角形の辺の数を増やしていくと、元の図形の面

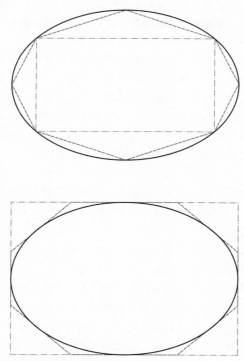

図 1.1　取り尽くし法とは？

ある図形（ここでは実線の楕円）の面積を測りたい場合、上図のように内接する図形で内側から近似していくこと（これが本来の取り尽くし法）と、下図のように外接する図形で外側から近似し、面積の計算しやすい図形で分割していくことで、元の図形に近い面積を求める

積を今度は〝上から〟近似することができます。

　元の図形の面積は、このように上と下と両方から挟み込まれていますから、直感的にはこの作業を続けていけば、

〝上からの近似〟と〝下からの近似〟がやがては一致して、その値が元の図形の面積に等しくなると期待されます。

　以上が取り尽くし法の概略ですが、この考え方をベースにしたもっと〝自由な〟測り方もあります。与えられた図形の上に細かく切った紙をできるだけ重ならないようにべたべたと張りつけていって、図形をうまく覆ったら細かく切った紙の面積を足すことで図形の面積を測ろうというのです。これは次章（ステップ2）でやりましょう。

　よく解析学は、ニュートンが力学の数学的表現を行った17世紀から始まったという人がいますが、これは「近代的な解析学の始まり」と言うべきです。微分の発見は確かにニュートンとライプニッツによるのですが、積分に近い考えはすでに古代から始まっていたのです。
　王や人々の欲求が測量技術を発展させ、土地の面積の計算という形でその欲求や意志が外在化したのだと思われます。同様に、この土地の区画整備が幾何学の始まりだと言われています。取り尽くし法に典型的にみられるように、古代の人々はどんな形の土地であってもその面積を測りたいという強い欲求を持っていたのです。これが幾何学と解析学を生み出した心の在り方だと思います。

代数学の始まり

　もう一つの数学分野である代数学が発展するのは中世の

アラビアですが、古代エジプトでも方程式という概念はあって、連立方程式の解法も研究されていたようです。ただし、アラビアのように記号化されていなかったために、日常的な言葉で方程式を考えていたようです。

日本の小学校で習う植木算や鶴亀算は中学校になると連立方程式による表現という形に置き換えられ再学習されますが、小学校では記号化されず日常のことばで方程式を解いていたわけですね。古代エジプトの解法がこの日本の算数と同じかどうかは私は知りませんが、似たような考え方で問題を解いていた可能性はあるのではないでしょうか。これ自体とても興味深いことですね。

代数学が完全に記号化されたのは、紀元9世紀のバグダッドのペルシャ人フワーリズミー（アル＝クワリズミ）以降だと言われています。彼の名前のラテン語化から、今日の「アルゴリズム」という言葉が生まれました。計算の方法、規則がアルゴリズムですから、フワーリズミーによって、数を数えるという行為が抽象化され今日の代数学に発展する基礎が作られたのです。

余談ですが、代数学を英語で「algebra（アルジェブラ）」と言いますが、これもフワーリズミーの著書『約分と消約の計算書（ヒサーブ・アル＝ジャブル・ワル＝ムカーバラ）』の「アル＝ジャブル」から来ているのです。

数を数えるということ

「数を数える」という人々の行為の背後に、どのような仮設があるかを考えてみましょう。

　ものを数えるには、数える対象になるものが同じ種類のものだという仮定があります。ここに椅子が5脚あったとして、イチ、ニ、サン、シ、ゴと数えることに意味があるのは、同じ椅子だからですね。むろん椅子も一つ一つ少しずつ違っているかもしれませんが、同じ椅子であることには違いありません。

　これを椅子と机と花と病院をイチ、ニ、サンと数えてもまとまりがなく、数えるという意味が感じられません。つまり、数を数えるという行為の背後には、数えているものが同じカテゴリー（同じ類）のものだという仮定が暗黙のうちに了解されているのですね。

　つまり、人はこれとこれは同じものと見立てて、同じとみなしたものがいくつあるかを数えているのです。少し難しい言葉で、**同一視**といいます。この心の動きが、近代的な代数学では重要になってきます。数を数えるという単純行為の中に、すでに同一視という考えが仮設されていたのです。

証明が数学をもっとも正確な学問にした

　古代ギリシャでは、代数的な計算を幾何学的に表現し証明するという方法が開発されていきますが、最初の文字式は紀元後3世紀のディオファントス（ローマ帝国時代のアレキサンドリアの数学者）によると言われています。しかし古代ギリシャではまだ0に相当する数が発明されておらず、したがって位取りが煩雑でした。

　今日私たちは、数を表すのに1, 2, 3などと算用数字（アラビア数字のこと。その起源はインド）を使って表す習慣になっていますが、古代ギリシャでは1は α、2は β、3は $\underset{\text{ガンマ}}{\gamma}$ で表され、10は $\underset{\text{イオタ}}{\iota}$、100は $\underset{\text{ロー}}{\rho}$ などとギリシャ語のアルファベットで数を表現したために、大きな数の表記や計算がとても煩雑なものになりました。古代ギリシャの人たちは、計算よりは図形と論証に興味を持っていたのです。論証とは論理的な手続きによって真偽を明らかにすることで、証明と同義です（なお、証明の対象になる言明を命題と言います）。

　ユークリッド（紀元前3世紀ころ活躍したアレキサンドリアのギリシャ系数学者）の『原論』は有名です。幾何学と数論について、概念の定義を与え、さらに証明の必要がないほど明らかに認めるべき命題を公理として与え、公理と定義から各種命題を証明するという今日の数学に通じる技法が展開されました。

『原論』は主に幾何学についての命題を扱っていますが、素

数が無限に存在することや、素因数分解、ユークリッドの互除法として今日でもよく知られた最大公約数を求める方法についても扱われているのです。

古代ギリシャでは、よく知られているように哲学が盛んでした。哲学者のソクラテス、プラトン、アリストテレスなどは有名ですね。古代ギリシャは数学の基礎、哲学的思考の創始、彫刻、建築を中心とした芸術など現代に通じる多くの学術を創造しました。

その基礎になっているのが論証＝証明でした。同時代的に同じギリシャで、数学の技法とともに言葉を使って論理的に思考を操作する哲学が始まり発展したことは、大変興味深いことです。

正しく心を動かす方法

図形と方程式を結びつける代数幾何という数学の分野で「標数０の特異点解消」という重要な問題を解決し、フィールズ賞を受賞した広中平祐先生は、「数学という学問は、まさにその人間の哲学から出発するのである」（『学問の発見』ブルーバックス）と述べています。

先ほど私は「心の動き」が数学という学問の始まりだったのではないか、とお話ししました。心には感情などもあるために、まさに心の赴くままにしていたら、自然界の周期的な運動を正しく予測できず、また他人とも衝突し交渉もうまくいかないでしょう。ですから、心を正しく動かす

必要が出てくるのです。

　この「心を正しく動かす方法」を開拓してきたのが数学と哲学だと思われます。数学は文字による表現と証明という技法によって、哲学は言葉による表現と論理によって、それぞれ心の動かし方を開拓してきました。これは人類の可能性を大きく広げることに大変貢献してきたのです。

　しかしながら、現代の学校教育の現場ではどうでしょうか。哲学はほとんど教えられなくなり、数学が暗記物だと言われたり、数学が難しくて分からないものの筆頭にあげられたり、ひいては数学を嫌いになる若い人たちが後を絶たない状況になっています。この二つの学問が軽視されれば、人類の（脳の）可能性は縮小していってしまうと私は危惧しています。そうなると、私たちに未来はありません。大げさに聞こえるかもしれませんが、長い目で見れば、そうだと思うのです。

　ここまで見てきたように、数学は本来、人間の心の発露であり古代人が神と信じたものの外在化なのですから、順を追って理解を深めていけば、本来は数学を嫌いになるはずがないのです。おそらく数学として表現されたものは、人類共通の心、ある種の**普遍的な心**なのだろうと思われます。

　心を普遍的にしているのが、論理と感性です。論理を積み重ねていくことで、定理を証明することができますが、定理の証明は人それぞれです。同じ定理の証明といっても、美しい証明、汚い証明、簡潔な証明、長たらしい証明、などいろんな証明があります。個々人の脳の構造、つまり心

の働かせ方が少しずつ違っているのです。しかし、「証明を行うことで物事を理解する」という点は同じです。ここに普遍性があるというわけです。

論理の始まり

　論理とは、考えを進める規則のことです。はじめに取り決める約束事ですから、異なる規則はたくさん作ることができます。つまり論理もたくさんあるのですが、人類が古代ギリシャ以来ずっと使い続けている古典論理と呼ばれている論理があります。

　古典論理を特徴づける一番大事な規則は、「どんな命題も真（正しい）か偽（間違っている）かであって、真でありかつ偽であるということはない」という規則です。つまり真と偽の中間はないという意味で、この規則を「排中律」と言ったりします。排中律を破る論理を作ることもできますが、本書では古典論理のみを扱います。

　では、この論理という考え方はいつ頃始まったのでしょうか。ここでは、20世紀になって起こった数理論理学にまでは踏み込むことはしませんが、論理学の始まりの部分と19世紀の典型的な思考法に触れることにしましょう。

　論理的な思考は、取り尽くし法のところで触れたのと同じく、古代エジプトの土地の測量から始まると考えてよいと思います（ただし、まだ体系化されておらず、体系化は古代ギリシャまで待たなければなりませんでした）。

土地の大きさを測るということは土地の形という図形の認識と量を測るという行為が合わさった大変高度なものです。幾何学を英語で geometry と言いますが、これは大地を表す geo と測定や測量を表す metria に由来します。つまり、**幾何学はそもそも土地の測量という意味**だったのです。

 証明と背理法

古代ギリシャになると、先ほど触れたユークリッドの『原論』にみられるように、公理と命題から推論（論理を重ねることで考えを進めること）によって他の命題を導く**証明法**が開発されます。さらに、ゼノン（紀元前5世紀の古代ギリシャの自然哲学者）によって**背理法**という推論の方法が提案されました。背理法は、ある前提から正しい推論によって間違った結果を導くことにより、前提が間違っていることを証明する方法です。

有名な例をあげましょう。
「ピタゴラスの定理」はおそらく数学の定理の中でもっともよく知られた定理ではないでしょうか。定理1に示した図のように直角三角形の各辺を a, b, c としたとき、$a^2 + b^2 = c^2$ が成り立ちます。これを「ピタゴラスの定理」といいます。

ピタゴラスの定理

　直角三角形の各辺の長さを a, b, c としたとき、$a^2 + b^2 = c^2$ が成り立つ。

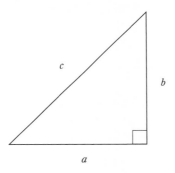

各辺の長さが a, b, c で、辺 a, b の間の角度が直角である直角三角形

　ここで、$a = b = 1$ としてみましょう。ピタゴラスの定理を使うと $c^2 = 2$ となります。自乗して 2 になる数は 2 の平方根で、$\pm\sqrt{2}$ と表します。ここでは、正の数のほうだけに着目しましょう。

　では次に、$\sqrt{2}$ は無理数であることを、背理法を使って証明してみましょう。先ほど紹介した背理法の威力が分かります。

$\sqrt{2}$ は無理数である。

この定理2の証明は次の通りです。

$\sqrt{2}$ は有理数であると仮定します。有理数は互いに公約数を持たない二つの整数によって分数の形で書ける数のことです（公約数を持つならば、その公約数で分母、分子を割り算すれば同じ数が得られますから、はじめから公約数を持たないとしておきます）。それに対して、無理数とは有理数ではない数のことです。つまり、無理数は分数の形では書けない数です。

ちなみに公約数とは、それらの共通の約数のことです。例えば8と12の公約数は、$8 = 2 \times 2 \times 2$、$12 = 2 \times 2 \times 3$ から、2と $2 \times 2 = 4$ の二つです。

$\dfrac{8}{12}$ を分母と分子の数が互いに公約数を持たないように表現すると、$\dfrac{2}{3}$ と書けます。

p と q を公約数を持たない自然数と仮定すると、「$\sqrt{2}$ は有理数である」は、$\sqrt{2} = \dfrac{p}{q}$ と書けます。

両辺を自乗すると、$2 = \dfrac{p^2}{q^2}$ となりますが、これは $p^2 = 2q^2$ と変形できますから、p^2 が偶数だということになります。自乗して偶数になるのは偶数ですから（奇数の自乗は奇数です）、p は偶数です。つまり、自然数 n に対して $p = 2n$ と書けます。

これを $p^2 = 2q^2$ に代入すると、$2q^2 = 4n^2$ となり、すなわち $q^2 = 2n^2$ ですから、q も偶数になります。自然数 m に対して $q = 2m$ と書けます。

これは、p と q が公約数 2 を持つことを意味しています から、p と q が公約数を持たないという仮定に矛盾します。 このように、$\sqrt{2}$ を有理数だと仮定すると矛盾することにな りますから、$\sqrt{2}$ は無理数であるということになります。

　これが背理法による証明です。

人間であるならばソクラテスである？

　このように背理法は、証明したい命題 A を否定する命題 ¬A（A の前についている記号は〝否定〟を表します）を前 提として仮定し、¬A から正しい推論によって矛盾した結 論 B を導くことで、矛盾がない結論 ¬B が成立するならば ¬A の否定、すなわち A の否定の否定、つまり A が成り立 つことが証明できるという論法です。

　否定を表す記号は他にもありますが、ここではこの記号 ¬ を使いましょう。

　定理 2 の例でおさらいすると、命題 A「$\sqrt{2}$ は無理数で ある」を証明するために、A を否定した命題 ¬A 「$\sqrt{2}$ は 有理数である」を仮定し、出てきた結論が矛盾した命題で あったので、前提の A の否定命題 ¬A が間違っていたこと になります。したがって、A が正しいことになり、「$\sqrt{2}$ は 無理数である」が証明されました。

　つまり、背理法の背景には、古典論理学の基本法則の一 つである対偶の法則があるのです。命題「A ならば B」に

対してその対偶とは、命題「¬B ならば ¬A」のことです。元の命題が正しいならば、その対偶もまた正しいことを示すことができます。

　例を挙げましょう。「ソクラテスは人間である」は正しい命題ですね。すると、「人間でなければソクラテスではない」も正しい命題ということになります。実際、正しいですね。

　元の命題の単なる逆命題（前提と結論をひっくり返した命題：「A ならば B」に対して、「B ならば A」のこと）は「人間であるならばソクラテスである」ということになりますが、これは正しくありません。ですから、古典論理学では正しい命題の逆は必ずしも正しくなく、いつも正しいのは対偶なのです。

　これはベン図を書いてみると分かりやすいでしょう。図1.2 に示しておきます。

(1)

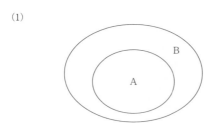

(2)

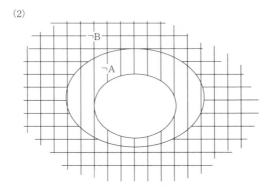

図 1.2　命題と対偶命題を表す論理的関係をベン図で表す

内側の楕円は命題 A が成り立つものの集合、外側の楕円は命題 B が成り立つものの集合を表すとする。

(1) は「A が成り立つならば B が成り立つ」ことを表している。逆は成り立たない。B が成り立っても A が成り立たない領域（外側の楕円と内側の楕円の間の領域）があるからである。これと等価な命題は対偶「B が成り立たないならば A は成り立たない」である。

このことを示したのが、(2) の図である。「A でない」は縦線で示している。集合としては A の集合の外すべてである。「B でない」は横線で示している。B の集合の外すべてである。「B でない」集合は「A でない」集合に含まれているから、対偶「B でないならば A でない」は成り立つが、その逆「A でないならば B でない」は成り立たない。「A でないが B である」集合があるからである。

「白い白い」と「白い」は同じか：二値論理の始まり

　このような古典論理は中世においては発展しませんでしたが、19世紀以降新しい数学上の展開を見せます。ブール代数を創始したことで後に名をはせたジョージ・ブールは、キリスト教の中でもマイナーであったユニテリアンでした。

　ユニテリアンとは、キリスト教の代表的な考えである神と子と聖霊という三者を一体とする三位一体説を否定し、神以外にはいない（ユニテリアンのユニは「一つ」という意味です）ということを信じているキリスト教徒です。あえて言えば、神以外は我々ヒトを含む地上の生き物です。ブールはこの考えを論理の基礎に置くことにしたいと考えました。1854年（改訂版は1857年）に出版した『思考の法則』という本で、この考えを数学にしていきます。

〈「白い白い」は「白い」と同じくらい確からしいか？（つまり、この二つは確率的に同じか？）〉と問うたのです。

　これを少し数学的に考えるために「白い」を X という記号で置き換えましょう。すると前の問いは「XX は X と同じか」という問いに置き換えられます。

　XX と記号が単に並んだだけのところに、ブールは簡単な〝代数演算〟を導入しました。つまり XX を「X カケル X」だと考えようというのです。ちょっと恣意的に見えますが、まんざらいい加減でもないのです。

　ある物体が「白い」と人が感じるときの白さの度合いを考えると、白い白いと二度言った場合のこのものの白さの

度合いは、掛け算で定義してもそんなに不自然ではありません。白さの度合いは 0 から 1 の間の値をとるでしょう。どの程度かということを測りたいので、一番大きな値を 1 とスケールしても構わないのです。

　白さの度合いが 0 ならばこれはまったく白くないし、白さの度合いが 1 ならば完全に白いことを表現できます。中間状態は 0 と 1 の間で 1 に近いほど白さの度合いが高いと考えられます。ですから、「度合い」は確率に似た概念だとも言えます。実際ブールは確率論を 0 と 1 の二つの数だけで再構成しようと目論んでいたのです。

　〝確率のようなもの〟ならば、「白い白い」と二度心の中で唱えれば、白い度合いは一度「白い」と感じたときよりも弱められるでしょう。なぜなら、二つの事象が立て続けに起こる確率は、それぞれが独立に起こるならば、それぞれが単独で起こる確率の積で与えられるからです。

「白さ」の度合いに関しても同様なことが起こると考えるのは、出発点としてはそう悪くはない考え方だと思われます。もし、このような考え方が許されるならば、最初の問いは「白さの度合い」を X という記号で置き換えたので、$X^2 = X$ という代数方程式（この場合は二次方程式）の解 X を求めることで、つまり「白さ」の度合いがどの程度か求めることで解決できるでしょう。

　この方程式は右辺の X を左辺に移項して、$X^2 - X = 0$。左辺を X でくくって、$X(X - 1) = 0$ となります。すると解がはっきり見えてきますね。$X = 0$ か $X = 1$ のいずれかが成り立ちます。

つまり、「白い白い」と「白い」が同じ白さの度合いを表すと仮定すると（それが上の二次方程式です）、白い度合いは0か1しかないということが結論されます。つまり、「まったく白くない」か、「完全に白い」かの二つの解が得られます。

 ## 宗教を数学で正当化する？

今はたまたま「白い」度合いを例にしましたが、別に白にこだわる理由はありません。

黒でも、あるいは色でなくても構いません。目標が達成できるかどうかを X としても構いません。何だっていいのですが、ブールはこういう推論をすれば0と1が導き出されるということを言いたかったのです。

さらに、宗教心が強烈ではない日本人にはあまりピンと来ないかもしれませんが、ブールは熱心なキリスト教徒で、しかも三位一体説ではなく、ただ神とそれ以外が存在するということを信じるユニテリアンに属していました。それでブールは $X = 1$ が神を表し、$X = 0$ が神以外を表すと考え、自分が信仰していたユニテリアンをまずは正当化しようとしたのでした。

そして、ブールはこの二つの値で世界のすべてを再構成しようと試みたのです。ブールの本ではここからは数学的な展開があり、確率論を再定義しています。

実際、現代でもコンピューターは0と1の二値であらゆるものを計算しようという考えで作製されましたが、その後の研究でいわゆる計算可能な関数と計算不可能な関数が存在し、前者については0と1だけで完全に書き表せることが分かっています。

　また、確率論は0と1の二値からなるランダムな数列を扱うことで構成できますから、ブールの試みはむしろ筋が良いと言っていいのではないでしょうか。

　もちろん $X = 1$ が神を表し、$X = 0$ が神以外を表すということは、客観的事実ではなくブールのこじつけにすぎません。客観性を重んじる数学にあるまじき行為だと考える人もいるでしょう。しかし、数学では何を考えても自由なのです。

■ ブールの「思い」が築いた代数

　自然現象を相手にしていたら当然そうはいきません。自然に関する実験事実と相いれない理論は、どんなに美しくても真ではありません。自然科学では実験が理論の正しさを証明するからです。

　自然科学の実験は、数学の証明と似たような役目を果たしています。数学では一貫した論理で完結すれば、一見非常識に見えることでも数学の枠組みの中で正当化されます。

　ブールがこのようなこじつけで、自分の信仰を正当化し

たこと自体は数学ではなく「彼の思い」です。これが結論なら、ブールの理論は数学ではありません。しかし、これは出発点なのです。

　彼は自分の信仰にまず確信を持ち、その確信のもとに、確率論や今日のコンピューターにつながる代数を構築しました。

　つまり、彼が築き上げた二値による確率論や二値論理に基づく代数（いわゆるブール代数）は彼の信仰、つまり彼の心の表現だったのです。確率論もブール代数もその後急速な発展を遂げ、確率論は、より抽象度の高い厳密な学問へと発展しました。しかし、その根底にはブールが考えた二値から構成される確率論が息づいているのです。

　またブール代数は、今日のコンピューターを支える数学としてなくてはならないものになっています。ブールの試みは、人の思考、推論を抽象化すると数学になることを端的に表しています。

「社会を変革する装置」

「白さの度合い」のような命題の確からしさを命題の「真理値」と言います。真理値は命題がどの程度正しいと言えるかという正しさの度合いを表しますが、ギリシャ時代に始まった古典論理を命題の真理値を0と1だけで考える二値論理に置き換えることで、論理という哲学（思考の方法）を計算可能な数での表現（思考の操作）へと昇華すること

が可能になったのです。

このように人の思考はもとより、その総体としての世界を計算することができるようになったわけです。ここからコンピューターというものが現実になっていきます。そういう意味でも、ブールのこの素朴な思想は「**数学は社会を変革する装置**」という、本来数学が持っているパワーを顕在化させた偉大なものであったと考えることができるのです。

 ## メタ数学と未解決問題

さて、その後数学はどのように発展していったでしょうか。

数学の基礎である論理学をさらに数学的に発展させて数理論理学という学問が現れました。

「数理論理学の祖」と言われるドイツのフレーゲ、核兵器廃絶を呼びかける「ラッセル・アインシュタイン宣言」でも有名でノーベル文学賞も受賞しているイギリスのラッセル、そしてホワイトヘッドなどが代表的な数理論理学者です。彼らは 19 世紀から 20 世紀にかけて活躍しましたが、ここから、数学の基礎、基盤の確からしさを問う数学基礎論という分野が現れます。

数学基礎論は、数学がどのようにして成り立っているのか、数学の命題はどの程度根拠づけられるのかといったことを問題にして、「数学に関する言明」を問題にしました。それでこの分野を「メタ数学」ということがあります。クルト・ゲーデルが完全性定理、不完全性定理を証明したの

が有名です。

　ここで、「メタ」というのは超越したとか、より高次の、という意味のギリシャ語から来ています。数学は数を扱う学問ですが、メタ数学は数学を扱う学問です。ですから、メタ数学は数学そのものではなく、数学を超越した体系によって数学そのものを扱う分野のことです。

　では数学はどうなったかというと、20世紀になってダーフィト・ヒルベルトが「今後数学者が解くべき23の問題」を提出したことで、重要だけれども解かれていない数学の問題に焦点が当たり、多くの未解決問題が肯定的あるいは否定的に解決されました。

　さらに、20世紀末から21世紀初めにかけて、そのほかフェルマーの最終定理やポアンカレ予想といった大問題が解決されたことをご存じの方も多いでしょう。

　このようにして、数学は諸分野との交流を断っても、数学内部だけで自立して数学という学問領域を開拓していけるようになりました。

その後の数学の発展は？

　ところが、20世紀後半から21世紀初頭にかけて、数学内部に閉じた研究だけでは数学が発展しないのではないかという危機感が数学者の中からも生まれてきました。そして、諸分野との交流の中から数学の新しい分野が生まれてくるのではないか、そのような期待が持たれたのです。

諸分野からも数学が求められるようになってきました。17世紀のニュートン力学はむろんですが、物理学はとくに19世紀後半からは数学を基礎にして理論展開を行ってきたので、もともと数学が大事だという意識があります。また、経済学、とくに近代経済学はこれも数学を基礎にして理論展開をしますので、そこでは数学が大事にされます。

　一方、化学、生物などの理系分野や経済学以外の文系分野では、数学はまったく必要ない学問だという認識が一般的でした。しかし、時代は変わりました。現代では、どの分野も数学的な解析、分析をきちんと行わない限り、どんな実験データも信用されなくなってきたのです。

　現代では、数学は数学以外のさまざまな分野や企業とも連携し、社会の発展に貢献しています。インターネットの基礎、人工知能の基礎は数学です。解析学、代数学、幾何学、すべての現代数学の知識が社会の情報基盤に使われていますし、医療現場で必要になるさまざまな計測機器の基礎にも数学の定理が使われています。また逆に現場で得られるデータの解析を通じて、新しい解析学が発展していくという側面もあり、さらなる広がりが出てきているのです。

　数学という学問が、人間の心の動きから始まり、発展していったことを、感じていただけたでしょうか。次の「ステップ2」では、こういった数学の発展の基礎になった数学の本質的な部分を「量を測る（測定）」、「関係を数値で表す（計算）」、「考えを推し進める（推論）」の三点から見ていきましょう。

Column

数学の分野の広がり

　数学は代数学、幾何学、解析学という分野から成り立っていますが、近年これに応用数学という分野を含めて数学全体が構成されています。応用数学は、数学と他の諸科学（物理学、化学、生物学、地球物理学、医学、農学、薬学、工学、経済学、心理学、文学、哲学、スポーツ、芸術）の交流によって可能になる数理科学と科学技術を合わせた学問領域です。

　アメリカ数学会（AMS）が発行する『Mathematical Reviews（数学評論）』誌には、数学に属する諸分野が書いてあります。その3分の2は、代数学、幾何学、解析学をさらに細かく分類した分野が書かれていますが、3分の1は応用数学に属する分野です。

　この中には確率論、統計学はもとより数値解析、計算機科学、流体力学や電磁気学、重力理論、宇宙物理学、数理計画法（OR、オペレーションズ・リサーチと呼ばれている分野）、ゲーム理論、生物学やその他の自然科学、システム理論、制御、情報と通信なども入っています。このように、今や数学は非常に広い分野を意味することが世界の数学者の共通認識になっています。

　さらにAMSの『数学評論』は、面白い仕掛けをしています。ここに記されている数学の各分野には番号が割り振られているのですが、ところどころ番号が抜けています。

　例えば、「08 一般代数系」と「11 数論」の間には分野名がありません。「22 位相群、リー群」と「26 実関数」の間にも分野名はありません。「35 偏微分方程式」と「37 力学系・エルゴード理論」の間にもありません。こういうところがたくさんあるのです。

　これは、数学の既存の分野間の交流によって新しい分野

が将来出現することがあることを想定しての配慮です。まさに数学者たちの深謀遠慮なのです。

「数学の本質」に触れてみる

数学はもっとも誠実な学問である

「ステップ1」では、「人の心の動き」という観点から数学の始まりをご紹介しました。ものの長さや土地の面積などを測りたいという人々の思いから出発し、それを実際に測れるように定義してきたのです。数学は、測ったり計算したり分類したりするという、人の思いを論理でまとめて、だれもが間違いなく使えるプログラムなのだということを感じていただけたでしょうか。

さらに数学は、似たものを区別したりその違いを捨象し同一視して分類し、構造を明らかにする操作方法を確立してきました。ここから今日の解析学、幾何学、代数学が生まれ、それらが互いに交わることでまた新しい数学分野が作られました。数学は諸科学に横たわる難問や社会的問題を解き明かす強力な武器をも提供してきました。社会の産業構造の変革も数学が下支えして成し遂げられてきました。これがステップ1で触れた内容です。

このように数学は、さまざまな事象を記号で表現することで人の表現言語としては画期的なものになりました。これにより抽象化が可能になり、膨大な数の事象を表現できるようになりました。これが今日の数学の発展の根源的な理由だと私は見ています。

さらに、数学の定理や概念は抽象化されているゆえに、普遍的でどんな現象にも適用可能です。つまり、数学は人間が発明した「普遍的な共通言語」なのだということです。

現代数学では論理を深く深く掘り下げ、思考を高く高く積み上げてきました。「ステップ2」では、そのほんの一端ですが、いくつかの高度な概念を可能な限り噛み砕いて解

説し、数学の本質的な部分に触れてみたいと思います。

　私が考える数学の本質は、三つあります。それは、測ること、計算すること、論理的に考えること。本章では、この三つに話題を絞ってお話ししていきましょう。これらを通して数学という学問のおもしろさ、豊かさを味わっていただきたいと思います。

話題 1　ものを「測る」とはどういうことだろうか？

　数学の本質を知っていただくための最初のテーマは、「測る」です。ほとんどの人は幼少のころから、あるいは小学校に入ってから、「ものを測る」という経験をしてきたと思います。

　まず、ものを測るということを数学的に厳密に（すなわち誠実に）考えてみましょう。

　じつは測ることを厳密に考えると、整数の次元だけでなく非整数次元を理解することができ世界が広がります。しかし、これは少し難しいので後に回して、ここでは整数次元に限って説明します。

　測るということには、長さや重さ、スピードなどさまざまな対象がありますが、ここではものの「大きさ」を測るということを取り上げてみましょう。

ものを測るとは物差しを当てること

　ものを測るには、物差しが必要ですね。図2.1を参考にして、測りたいものと物差しの関係を考えましょう。

　　（1）有限の線分を点（0次元）で測ると、
　　　　大きさは……∞

　　（2）有限の線分を長方形（2次元）で測ると、
　　　　大きさは……0

　　（3）有限の線分を線分（1次元）で測ると、
　　　　大きさは……ある有限の値

> したがって、線分の次元は1次元と考えるのが妥当

図 2.1　ものを測るとは、物差しを当てること

　図の中で、黒い実線で示したのが測りたいもので、物差しはグレーの点や線で示しています。

　まず、線分の大きさを測ることにします。図の (1) は物差しが点の場合を示しています。点は「大きさがないもの」として定義されていますから、大きさ（長さ）がある線分を点で覆うためには無限個の点が必要になります。つまり線分を点で測ると、測定結果は無限大の大きさになります。

　では次に、2 次元の物差しを使ってこの線分を測ってみましょう。2 次元の物差しで測るということは、「面積」という物差しで測ることを意味します。

　図 2.1(2) に示したように、今度は物差しのほうが大きく、線分の面積は 0 ですからこの長方形の物差しから見ると測りたい線分の大きさは 0 にしか見えません。つまり、線分を 2 次元の物差しで測ると線分の大きさは 0 ということになります。

　そこで、線分の大きさを 0 でもなく、無限大でもなく、有限の値として測ることができる物差しは、0 次元と 2 次元の間の次元を持ったものだろうと想像することができます。実際、(3) のようにグレーの線で示した 1 次元の物差し（線分）で測ると、与えられた黒い実線の線分は有限の大きさを持つでしょう。

　例えば、1 m の長さの線分を 10 cm の長さの物差しで 10 cm の精度で測ると、大きさが 10 となります。10 cm の物差しがちょうど 10 回当てられるからです。

ここで、10 cm の精度というのはこの物差しの最小の目盛りが 10 cm という意味です。つまり、10 cm 以下の測定はできないということです。

　もし、1 cm の物差しで 1 cm の精度で測ったら、1 m の線分の大きさは 100 になります。1 cm が 100 回あるから 100 cm、つまり 1 m ですね。また、95 cm の線分を 10 cm の長さの物差しで 10 cm の精度で測定すると、物差しを 9 回当てられますから、90 cm という測定値になります。

　それに対して、1 cm の物差しで 1 cm の精度で同じ 95 cm の線分を測ったら 95 回物差しを当てられるので、測定値は 95 cm になるというわけです。

　土地の面積を測ろう

　同様にして、ある大きさの土地の面積を測りたいと思ったら、どうするでしょうか。例えば図 2.2 のような土地の面積を、どうやって測ったらよいか考えてみましょう。

　長さのときと同じ理屈で、この土地を 1 次元の線分（ある長さを持つ幅 0 の図形、幅のない棒と思ってもよい）で測る、つまり 1 次元の線分でこの土地を覆い尽くそうとすると、1 次元の線分は無限個必要です。また、3 次元の立体でこの土地を測ると、土地は 0 という値を持つことになります。したがって、この土地を有限の大きさとして測る物差しは 2 次元です。

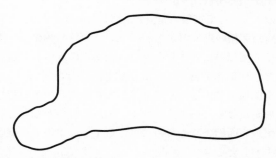

図 2.2　面積を測りたい土地

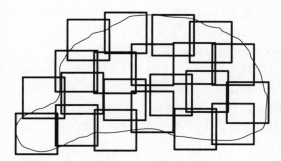

図 2.3　土地の面積をある大きさの物差しで外側から（上から）測る
例えば一辺 1 cm の正方形など、計算しやすい面積の物差しで測る

　例えば、図 2.3 のように一辺が 1 cm の正方形をできるだけ重ならないようにして覆い尽くせば、土地の面積より少し大きめの値が得られます。一辺 1 cm の正方形の面積は 1 cm^2 なので、覆った正方形の個数を数えれば、土地の面積の近似値が得られます。

　土地の面積を S として、こうやって〝外側から〟（〝上から〟とも言います）測った測定値を S^1 と書きましょう。上

73

付きの 1 を使って実際の面積と区別したのは、今のようにして測った面積の近似値が $1\,\mathrm{cm}^2$ という単位の物差しで測った値で、実際の土地より大きい（上からの近似とも言います）ということを表したいからです。

大小関係で書くと、$S < S^1$ となります。できるだけ各正方形が重ならないようにうまく配置していかないと、実際の土地の面積よりも多めに出てしまいますので、配置には工夫が必要です。

今度は図 2.4 のように、この正方形の物差しを土地の内側から土地を埋めるように当てていきます。

このときの測定値を S_1 と記号で書いておきます。下付きの 1 を使ったのは、上付きの 1 を使ったのと同様に今度は下からの近似を表すためです。つまり一辺 1 cm の正方形の物差しで土地を〝内側から〟（〝下から〟とも言います）測った測定値なので、物差しの重なり部分をなくすように

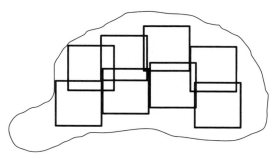

図 2.4 土地の面積をある大きさの物差しで内側から（下から）測る
今度は、測りたい土地から物差しがはみ出さないように測る

工夫すれば実際の土地の面積より小さい値であるので下付きにしています。

実際の土地の面積との関係は $S_1 < S$ となります。この場合も、できるだけ物差し同士が重ならないようにして隙間が小さくなるように配置する必要があります。

このように土地の系統的な測り方としては、外側から（上から）面積を測る測り方と内側から（下から）測る測り方の二つの方法がありますが、これらと土地の真の面積との関係は不等式 $S_1 < S < S^1$ で表されます。ここで、物差しの一辺をどんどん小さくしていくと、この正方形の数はどんどん増えていきます。

そして、外側から測った時の余り（土地からはみ出している部分）も内側から測った時の不足（土地の内側の隙間）もどんどん小さくなっていきます。

ここでは証明はしませんが、次の不等式が成り立ちます。

$$S_1 < S_{0.1} < S_{0.01} < \cdots < S < \cdots < S^{0.01} < S^{0.1} < S^1$$

上付き、下付きの $0.1, 0.01, \cdots$ などの意味は 1 の場合と同じです。つまり、物差しの大きさをどんどん小さくしていくと測定値の精度はどんどん良くなって、土地の真の面積 S に近づいていきます。

最終的に、外側からの測定値と内側からの測定値は同じ値になることが知られています。数学的にこのことがちゃんと保証できれば、十分小さい物差しを当てれば、どんな形の土地の面積もよい精度で近似できます。

ここでは、物差しを正方形としましたが、物差しの形は何でもいいのです。

　概念としては、いろんな形の物差しの中で一番精度の良いものを選んで測るというのが数学的には正しいのですが、それを実際（現実にという意味です）に行うのは不可能です。ですから、現実的には正方形とか長方形とか、あるいは円盤とか、形を決めて物差しに使います。サイズを小さくしていって精度を高めるのです。現実的にはそれで十分です。

　逆に数学は、この現実的な操作を理想に近づけるようにして定義を与えたのでした。同じようにいろんな形をした立体の体積をどうやって測るか、この場合は小さな立方体で同じ操作をすればよいことは想像できるのではないでしょうか。

 測ることと次元

　ここまでの話で、長さ、面積、体積などをある次元の物差しで測ることで、測る対象の「次元」というものが定義されるということが、分かったでしょうか。つまり当たり前のようですが、これが、重要なものの見方なのです。

　ここまでを、測りたいものの次元の定義として次にまとめておきましょう。

定義 2.1

ものの次元とは、そのものを測る物差しの次元である。

　じつはここで言っている「もの」というのは、ひもや土地、あるいは何らかの形を持った立体だけではなく、何らかのものの集まり、数学で言う集合でもよいのです。

　例えば、自然数の集合 $\{1, 2, 3, \cdots\}$ や 0 と 1 の間の区間にある実数の集合なども測る対象になります。この素朴な定義を精密にしていくことで、現代数学は自然数では表せないような次元も測れる方法を提供してきました。

　そもそも、ものを測りたいという人々の心の動きが、基準になる物差しを作り、それをパッチワークのようにして土地の面積などを測る技術へと発展させていきました。そしてこの方法が数学で言うところの**積分**という概念の基本を作ったのです。

　ステップ 1 で触れた「取り尽くし法」による面積の計算は、まさに今説明したような方法で行われました。数学で、積分は微分とセットで出てきますが、長さや面積、体積の計算にも使われ、独自の意味を持っています。

「測る」ということは、数学的には、ものの集まりに「大きさ」という概念を与えることでもあります。さらにこの概念を現実に意味のあるものにするためには、大きさを測るための物差しが必要です。ですから、ものの大きさはどんな物差しを使ったかということとセットにして考える必要があるのです。

物差しを用意するというのは目盛りを入れることでもありますから、二つの計測したものの間に距離を定義することでもあります。

　例えば、3という大きさのものと5という大きさのものの間の距離は2であるとか、すると10という大きさのものと3という大きさのものは、3という大きさからみれば5という大きさのものより遠くにある（より違いが大きい）……というように、もの同士を比較することもできます。こういう「計量」という概念は数学の基本をなしています。

話題 2 計算とは何だろうか？

　さて、次にお話しするテーマは「計算」です。数学が苦手な人でも、計算というものが数学とは切っても切れないということは、お察しいただけるでしょう。

　ですが、そもそも計算とは何だろうか、と考えたことはあるでしょうか。本題に入る前に、「計算」という行為の前提であり、その対象になる「数」についての話から始めましょう。

　数学の入り口で分からなくなってしまうのには、さまざまな数の種類があることで困惑してしまうという理由もあるかもしれません。数には、自然数、整数、有理数、無理数、……と、いろいろあります。それらの四則演算、とくに分数の割り算でつまずくパターンが多いようです。

　本書ではおいおいこれらを解決していきますが、まず、どうしていろんな数を考えるのかを説明していきます。

簡単なルールが自然数を作る

「1 から始まって 1 ずつ数を増やしていく」というルールを考えましょう。計算の方法や規則ですから、これをアルゴリズムと言っても構いません。

そうすると、1，2，3 というように数が出てきます。これを延々と続ければ、1，2，3，4，5，6，7，8，9，10，…，100，101，102，…，1000，1001，… といくらでも大きな数が作れます。もちろんここでは、だれもが日常的に使っている十進数を使っています。

1 から始まって 1 ずつ増えていく数全体を、**自然数**と呼んでいます。日常的に数を数える基本ですから、自然な数というわけですね。英語では natural number で、日本語と同じ意味の単語が使われています。

 負の数の意味は「借金」だった

自然数は正の数ですが、これにマイナス記号をつけた**負の数**を考えることができます。−1，−2 のようにです。

歴史を振り返ると、負の数を人類が数として認識したのはそんなに古いことではありません。西洋では近代になってからですが、東洋では、紀元前 1 世紀から紀元後 2 世紀の間に中国で作られた『九章算術』という 9 章からなる計算の本の中で負の数が認識されています。

また7世紀のインドでは、あとで述べるように方程式の解として負数が認識されていました。その意味は「借金」でした。東洋に比べると西洋世界での負数の認識がずっと遅れたのは、興味深いことです。

　むろんマイナスの数を想像した人は古代からいたのですが、マイナスという概念になかなかなじめなくて人々は悪い印象を持っていたようです。偉大な数学者でさえ、こんなものは数ではないと、数の仲間に加えることを拒否し続けました。

　負の数のイメージとして世界共通に人の頭に浮かんだのが、負債、つまり借金だったというのも興味深い話です。貯金がたまっていくのは正の数で表され、貯金がなくなって借金をするとそれが負の数で表現されました。どの国や地方でも、また時代を隔てても負の数は借金のイメージとして理解されたのでした。

ゼロは「うつろな数」？

　ちょうど貯金がなくなった状態はお金がありませんから、貯金を集合として表すなら空集合（要素が一つもない集合）で金額としてはゼロ（円）が対応します。

　数学では、空集合を∅（スラッシュつきO（オー）。ノルウェー語のアルファベットとして発音すればウーに近いが、通常はとくに発音しないで使っている）と書くことが多いのですが、この表記の起源自体は意外と新しくて、1939年

にフランスの若手数学者集団ブルバキの数学原論で最初に使用されました。ノルウェー語のアルファベットからとったようです。

　数としての**ゼロ**（0）はインド人の発明ですが、空集合を表現する「うつろな数」として導入されたようです。3〜4世紀のことです。学校教育では0は自然数として扱いませんが、0を自然数とする流儀もありますので、混乱しないでください。

　また次のことも注意しましょう。空集合に対してゼロを対応させたわけですが、それなら、自然数も集合の表現だと考えるほうが一貫性があります。この考えに基づいて自然数を定義したのは、最初のデジタル計算機を発明したことでも知られる数学者のフォン・ノイマンでした。

　集合の記号として { } を使うと、$0 \equiv \emptyset, 1 \equiv \{0\}, 2 \equiv \{0, 1\}, \cdots, n \equiv \{0, 1, 2, \cdots, n-1\}$. つまり、自然数 n の次の自然数 n' を $n' \equiv n \cup \{n\}$ として定義します。ここで、記号 $\equiv$（合同）は〝左辺を右辺で定義する〟という意味です。記号 $\cup$（ユニオン）は和集合（集合の和のことで、各集合のいずれか一つに含まれる要素をすべて集めた集合）を意味します。

　ここでの定義をもう少し丁寧に言うと、次のようになります。0という数を空集合（何もない）と同一視し、1という数をこうして定義した0だけからなる集合と同一視します。つまり、数を集合の要素の個数として帰納的に定義するのです。

81

一般に、数 n はそれまでに定義した 0 から $n-1$ からなる集合として定義すると、すべての自然数が帰納的に定義できるというわけです。

 数直線の発明が革命をもたらした

　さて、0 が認識されると、負の数を負債という意味から切り離して定式化できます。図 2.5 に書いたのは、数直線と呼ばれる数の目盛りを持つ直線です。

　図には 0 と正の数の領域、負の数の領域が書いてありますが、無限に両端に伸びる直線上に数を表現することができます。1, 2, 3 や -1, -2, -3 なども、この直線上でそれぞれの位置を占めます。

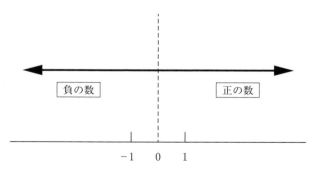

図 2.5　数直線

数を表現する直線。図の中で直線から上に出た目盛りは数直線には含まれないが、どの位置に数があるかを明示するためにつけた

　図に示したように、0 を中心に右側が正の数、左側が負の数です。負の数は 0 を中心に正の数を折り返したものとして認識されます。0 に対して正の数と負の数は対称に配置されています。

整数の認識

　このように負の数が数直線上で認識されると、ネガティブなイメージは薄れ、方程式の解（根とも言います。本書ではできるだけ解で統一します）として負の数を導入しようという試みが起こりました。

　例えば、x に関する一次方程式 $x - 1 = 0$ の解は $x = 1$ という自然数で表現できますが、$x + 1 = 0$ の解は自然数の範囲では存在しないことになります。

　そこで、数を拡張してこの方程式の解が存在するようにします。この場合は負の数を導入して、$x = -1$ が一次方程式 $x + 1 = 0$ の解として認められるのです。
「自然数」と「自然数にマイナス記号をつけた数」と「ゼロ」を合わせて**整数**と言います。

　数直線上には、このような整数だけでなく他の数もありそうです。数直線上の整数と整数との隙間、-1 と 0 の間や 0 と 1 の間など異なる整数の間にある隙間を表現する数があるに違いないからです。答えを先取りすると、それが有理数や無理数なのです。順番に説明していきましょう。

有理数とは？

　有理数は、分数で表現できるような数です。p と q を整数としましょう。有理数とは p 割る q（q はゼロではないとします）、すなわち記号で書くと $\dfrac{p}{q}$（q 分の p と読みます）、しばしば、p/q とも書きます。

　有理数は英語で rational number。rational という英語は一般には合理的という意味ですが、有理数は合理的な数というわけではありません。有理数の rational は ratio（比）から来ています。

　分数というのは演算としては二つの整数の割り算ですが、これはまた二つの整数の比でもあるのです。有理数はたくさんありますが、二つの整数の比ですから基本的には整数と同じくらいたくさんあります。整数は無限にありますが、1，2，3 と数え上げることができますから、この無限を可算無限と言ったりします。有理数も同様に可算無限存在することになります。

　では、方程式の解として考えてみましょう。例えば、一次方程式 $3x - 2 = 0$ の解は、整数の範囲では存在しないことになります。そこで、二つの整数の比も数として認めれば、この方程式の解は存在して、実際 $x = 2/3$ となります。

　一般に x の一次方程式の係数を p, q（q はゼロでないと仮定します）として $qx + p = 0$ の解は有理数まで数の体系を拡張しておけば、$x = -p/q$ として解を求めることがで

きます。

　ちなみに「数の体系を拡張する」とは、自然数から順番に数の種類を拡げていって、多くの種類の数を計算できるようにすることを意味します。

■ 「数えきれない」ほどある無理数 ⇒ 〝ベッタリ〟ある実数

　それでは、数直線は有理数で埋め尽くされるでしょうか。言い換えれば、「分数で表されないような数」は存在するでしょうか。

　このような数が存在する、あるいは数の仲間として認めるならば、これは「二つの整数の比では表されない数」ということになります。それで英語では比（ratio）で表せないので否定を表す ir をつけて、irrational number ということにしました。これが日本語の**無理数**です。

「無理」というのは非合理的という意味ではなく、「比で表せない」という意味です。

　さて、これはどんな数でしょうか。すでにステップ１の定理２で無理数が出てきました。２の平方根 $\sqrt{2}$ を有理数とすると矛盾が生じることから、この数は無理数であることを示したのでした。$\sqrt{2}$ は p/q のようには書けない数だったのです。

　では、無理数はどの程度存在するのでしょうか。ここでは理由を述べることはできませんが、数え上げができないほどの多さなのです。それでこれを非可算無限と言ったり

します。

　方程式の解で考えてみましょう。今度は $x^2 = 2$ という二次方程式を考えます。この方程式の解は有理数の範囲では存在しません。ステップ1で示した定理2の証明をもう一度よく見てください。x を有理数だと仮定すると矛盾が生じるのです。そこで、数を無理数まで拡張しておくと、$x = \sqrt{2}$ と $x = -\sqrt{2}$ という方程式の解が得られるというわけです。

　有理数、無理数を合わせて**実数**と言います。英語では real number です。図 2.5 で見た数直線は、実数を表現しています。実数まで数を拡張していくと、数直線上のどの点にもなんらかの数が対応することになります。直線という1次元に伸びた〝隙間のない実体〟と実数全体が一対一に対応するのです。イメージとしては、整数や有理数はスカスカですが、実数はベッタリあるのです。

　このような人間の日常感覚を超えた実数を数直線という人間の感覚に訴えるもので表現できたことは、その後の数学の発展を加速させたという点で、まさに革命的であったのです。

デカルトが否定した数、虚数

　では、数としては実数までで終わりでしょうか。そうではないのです。

　やはり方程式で考えてみましょう。例えば $x^2 + 1 = 0$ と

いう二次方程式を見てみます。1 を移項すると（左辺にある 1 を右辺に移す）、もしくは同じことですが両辺に -1 を加えると $x^2 = -1$ となりますが、この方程式を満たす x は実数までの範囲では存在しません。どんな実数も自乗（自分に自身を掛けること。2 乗とも書く）すれば正または 0 になるからです。この方程式に解が存在するためには、実数ではない新しい数を考えなければなりません。

　一般に、自乗して負になる数を**虚数**と言います。英語では imaginary number です。これは、デカルトが「こんなものは実際の数ではない」として、「想像上の数」と言ったことからこう呼ぶようになったのです。16 世紀後半になって、ボンベリという数学者が虚数を定義しました。

複素数を図で表す

　自乗して -1 になる数、先ほどの方程式の解ですが、とくに**虚数単位**と言って通常は i で表します。つまり、$i = \sqrt{-1}$ です。

　工学では i は電流を表すことになっているので、虚数単位のほうは j で表すのが習いですが、数学に限らず理学系では i を使うことが多いようです。

　図で表してみましょう。そのためには座標を導入しなければなりませんが、図 2.6 に示したように、横軸に実数軸を（つまり、先ほど実数のところで見た数直線です）、縦軸に虚数軸を取りましょう。虚数軸の長さ 1 のところが、虚

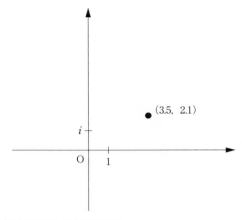

図 2.6 複素数平面（ガウス平面）

実数 1 と虚数単位 i をそれぞれ横軸、縦軸の単位とした数全体 $\{(a, b)|a + bi, a \text{ と } b \text{ は実数}\}$ を表す平面。一例として、$a = 3.5, b = 2.1$ の場合の複素数 $3.5 + 2.1i$ の位置を示してある

数単位 i です。実軸上の長さ 1 の実数は 1 です。

　1 と i は全く別の世界の数ですから、互いに独立です。「独立」というのは、一方が他方の影響を受けないということです。横軸上で数が変化しても縦軸では常に 0 であり縦軸上の虚数には一切変化はありません。

　また、逆に縦軸上の数を動かしていっても横軸上の数は 0 のままで変化しません。それぞれ互いに気にしないで勝手に動かせるのですから、独立なのです。数学では一次独立と言ったり、線形独立と言ったりします。

　1 と i は線形独立ですから、これらの線形結合が可能です。二つの数の線形結合というのは、それぞれの数にどん

な実数値もとり得る係数を掛けて足し合わせることを言います。

実数 a, b に対して、1 と i の係数をそれぞれ a, b とすると、1 と i の線形結合として $a \times 1 + b \times i = a + bi$（通常の表記では $a + ib$、「ステップ2」では 1 と i の線形結合を強調するために $a + bi$ と書いている）という数を考えることができます。二つの数の複合なので、これを**複素数**と言います。英語は complex number です。

二つの質の異なる数、a と bi を足すというのは一見奇妙に思えるかもしれませんが、これは線形結合の考えからきていると考えると納得できるでしょう。

注意してほしいのは、複素数は実数を含むということです。$b = 0$ の場合は実数を表していますね。b が 0 でなければ複素数は虚数です。$a = 0$ の場合は、とくに**純虚数**と呼ばれています。本当の紛れもない虚数ということです。英語では purely imaginary number です。

複素数平面は、偉大な数学者ガウスが発明したことにちなんでガウス平面とも呼ばれています。また、パリで本屋を営んでいたアマチュア数学者アルガンが、複素数の幾何学的表現をガウス以前に開拓していたことにちなんでアルガン図と言ったりします。

複素数平面上で $a + bi$ という複素数は、横軸方向に a だけ進み、縦軸方向に b だけ進む二つの数の組として表すことができます。記号で書くと、ペアーを表す記号を使って (a, b) です。

図 2.6 に、$a = 3.5$, $b = 2.1$ の場合を示しました。また、複素数はガウス平面上のベクトルとして表すこともできます。ベクトルとは向きと大きさを持つ量のことです。

　図 2.7 に、複素数 $3.5 + 2.1i$ をガウス平面上での点 $(3.5, 2.1)$ と原点を結んだベクトルとして表現しています。ここではこれ以上踏み込みませんが、複素数の四則演算はベクトルの四則演算としても表現できるのです。

　このように、数を複素数まで拡張しておくと、解けなかった方程式が解けるようになります。例えば、$x^2 + x + 1 = 0$ という x の二次方程式の解は実数の範囲では存在しませんが、複素数まで許すならば、$x = \dfrac{-1 \pm \sqrt{1 - 4}}{2} = -\dfrac{1}{2} \pm \dfrac{\sqrt{3}}{2}i$ という二つの解が存在することになります。

　記号 ± は複号と言って、＋ と − の両方の解が存在することを表しています。

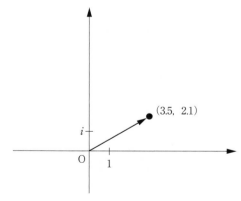

図 2.7　複素数はベクトルで表現できる

　この解をガウス平面で図示したり、対応するベクトルを描くことは、もはや読者の皆さんにとってはたやすいことでしょう。一度自分でやってみてください。そうやって数の感覚を磨くことが重要です。

　ここではあえて、正解は示しません。それは、すぐに正解を知りたがることがもっとも数学の習得の障害になるからです。自分で納得すること。とことん納得して自分の判断に自信を持つこと。この積み重ねが重要です。

　以上見てきたように、なぜいろんな数があるかというと、方程式を解きたい（方程式の解を求めたい）という人々の心の動き、欲求を満たすために数の概念を次々に拡張していく必要があったからだと考えてみると分かりやすいのではないでしょうか。

四則演算とはなにか

　今まで数の話をしてきました。「数」はどんどん拡張され、いろんな種類の数が出てきました。方程式に解が存在すると考えると、それまでの数の概念だけでは足りなくなってきたので、新しい数を導入して、人々は方程式の解を求めてきたのです。

　これまでに出てきた方程式と数を改めて眺めてみると、足し算、引き算、掛け算、割り算が使われています。この四つの操作を**四則演算**といいます。皆さんよくご存じだとは思いますが、改めて整理しておきます。四則演算は次の

ようなものです（数を a や b などと文字を使って書いてお
きます）。

(I) 足し算
これは数を足し合わせることを言います。二つの実数に対
して、演算の記号を ＋ として、$a+b$ と書きます。足した
ものも実数ですから、足し算は定義されます。
実数と実数を足したものが実数からはみ出るようだと、足
し算という計算は実数の世界では使えなくなります。ある
演算（計算）を行った結果の数も演算が施される数と同じ
種類であるときに、その数の体系の中での演算の「定義」が
確定するのです。

(II) 引き算
ある数からある数を引くことを言います。二つの実数に対
して、演算の記号を − として、$a-b$ と書きます。引いた
結果も実数ですから、引き算は定義されます。

(III) 掛け算
二つの実数に対して、演算の記号を × として、$a \times b$ と書
きます。略して、ab と書くことがあります。掛けた結果も
実数ですから、掛け算は定義されます。

(IV) 割り算
二つの実数に対して、b を 0 ではないとしたとき、演算の
記号を ÷ として、$a \div b$ と書きます。$\frac{a}{b}$ と書いたり、a/b と
書いたりします。割った結果も実数ですから、割り算は定

義されます。

 ## 複素数の四則演算

この四つの演算が数の基本演算です。じつは、実数だけではなく、複素数にもこの四則演算は当てはめることができます。二つの異なる複素数を $a+bi$, $c+di$ と書きましょう。a, b, c, d は実数とします。

(I) 足し算
$(a+bi)+(c+di)$ によって足し算が定義できます。実数は実数で足し算を行い、純虚数のところも前についている実数同士の足し算と考えると、$(a+c)+(b+d)i$ という複素数が得られます。これで複素数にも足し算が定義できることが分かります。

(II) 引き算
同様にして $(a+bi)-(c+di)$ も定義できます。結果は $(a-c)+(b-d)i$ になり、また複素数が得られましたから、引き算は定義されます。

(III) 掛け算
$(a+bi)\times(c+di) = ac+adi+bci-bd = (ac-bd)+(ad+bc)i$ となり、これも複素数が得られますから、掛け算は定義されます。この計算では、虚数単位の定義 $i^2 = -1$ を使っています。

(IV) 割り算

$(a+bi) \div (c+di)$ を複素数の形にできるでしょうか。できれば割り算が定義されたことになります。c と d は共にゼロになるようなことはないとしておきます。分母が複素数になっていますから、分母を実数にするために、分母、分子に $(c-di)$ を掛けましょう。

すると分母は

$$
\begin{aligned}
&(c+di)(c-di) \\
&= c^2 - cdi + cdi - (-d^2) \\
&= c^2 + d^2
\end{aligned}
$$

になりますから、

$$
\begin{aligned}
&(a+bi)/(c+di) \\
&= (a+bi)(c-di)/(c^2+d^2) \\
&= ((ac+bd) + (bc-ad)i)/(c^2+d^2) \\
&= (ac+bd)/(c^2+d^2) + (bc-ad)i/(c^2+d^2)
\end{aligned}
$$

となります。

このように、割り算の結果も複素数になりましたから、割り算は定義されるのです。

人の営みに直結する計算

四則演算は、日常的な人の営みに直結する計算のルール

94

ですから、とても大事です。

　冷蔵庫に一つのリンゴがあり、今日二つのリンゴを買ってきて冷蔵庫に入れたら冷蔵庫には三つのリンゴがあるということは、足し算で求めることができます。冷蔵庫に三つのリンゴがあったけど、今日一つ食べてしまったら冷蔵庫には二つのリンゴしか残っていません。これは引き算で分かることです。

　一人3個ずつのリンゴを4人が持ち寄ってパーティーをするとリンゴの合計は12個ですが、これは掛け算ですね。逆に12個のリンゴが贈り物としてパーティー会場に送られてきて、これをホストが4人の参加者に分けてくれたら一人当たり3個のリンゴを家に持って帰ることができます。これは割り算で分かることです。

　このように、普段から「計算している」という意識を持っていなくても、四則演算は日常生活で欠かせないものです。人の行為の基本中の基本をルール化したものですから、数学の基本でもあるのです。

　さらに四則演算は、数学で出てくるいろんな操作の一つです。

　自然数の四則演算の結果は、必ずしも自然数にはなりません。足し算と掛け算は自然数にとどまりますが、引き算によって（負の）整数になったり、割り算によって有理数になったりします。整数の四則演算の結果も足し算、引き算、掛け算に対しては同じ整数の範囲にとどまりますが、割り算では整数からはみ出て有理数になります。

ところが有理数の四則演算の結果はまた有理数です。実数の四則演算の結果はまた実数であり、複素数の四則演算はまた複素数になります。

　このように四則演算によって同じ種類の数が得られる場合を、その数は「演算に対して閉じている」といいます。数として一番広い複素数（実数や有理数、整数、自然数は複素数のそれぞれ特殊な場合の数です）の中で、日常生活において一番基本の演算である四則演算はちゃんと定義され、日常からかけ離れた複素数の計算を可能にします。四則演算が数学の基本の演算であるのは、こういう理由からです。

分数の割り算を「ひっくり返して掛ける」のはなぜ？

　数の四則演算のうち、分数の割り算と負の数同士の掛け算で、なぜそうなるのか疑問を抱く人が多いようなので、ここでお話ししておきます。

　まず、分数の割り算が「分母、分子をひっくり返して掛け算になる」のはなぜでしょうか。ゼロでない実数 a, b, c に対して、$a \times b = c$ を考えます。両辺を b で割ると $a = c \div b = \dfrac{c}{b}$ です。つまり割り算は、掛け算の逆の演算です。

　いま $c = 1$ としましょう。$a \times b = 1$ です。両辺を a で割ります。$b = 1 \div a = \dfrac{1}{a}$ となります。

　掛け算して 1 になるような 2 数は、一方が他方の逆数になっています。

この関係を $a \times b = 1$ に代入すると、$a \times \dfrac{1}{a} = 1$ です。

この式の両辺を $\dfrac{1}{a}$ で割ると、$a = 1 \div \dfrac{1}{a}$ になります。

他方、$a = 1 \times a$（どんな数に 1 を掛けても元の数と同じ）ですから、$1 \times a = 1 \div \dfrac{1}{a}$、つまり分数の割り算は分母と分子をひっくり返して掛け算すればよいことになります。

特別な場合について計算したように見えるかもしれませんが、一般に $\dfrac{b}{a}$ と $\dfrac{a}{b}$ は互いに逆数の関係になっていて $\dfrac{b}{a} \times \dfrac{a}{b} = 1$ ですから、割り算は分母と分子をひっくり返して掛け算すればよいことが分かります。

負の数同士を掛けるとなぜ正の数になるの？

次に、負の数同士の掛け算が正の数になるのはどうしてかを考えましょう。

方程式 $x^2 = 1$ の解は $x = \pm 1$ です。負のほうの解、$x = -1$ に注目しましょう。これをもとの方程式に代入すると、$(-1) \times (-1) = 1$ です。つまり、負の数と負の数を掛けると正になるのです。

それでは、方程式を使わないで負の数掛ける負の数が正

の数になることを理解できるでしょうか。図 2.5 で導入した数直線を使って考えてみましょう。

　ある数 a（正であれ負であれ）に正の数 b を掛けるとは、「その数 a の符号の向きに a の b 倍進んだところの数」を表すとしましょう。また、ある数 a に負の数 b を掛けるとは、「原点に対して a と対称な位置にある数から、その符号の向きに $|b|$ 倍進んだところの数」を表すとします。$|b|$ は b の絶対値を表します。

　絶対値とは、その数の符号を除いたものです。絶対値は常に正になります。-1 の絶対値は 1 で、1 の絶対値は 1 です。すると、a, b が負の数であれば数直線上の負の領域にある数 a と原点に対して対称な位置にあるのは正の数ですから、その数の $|b|$ 倍進んだところの数は正の数です。

　したがって、二つの負数の掛け算は正の数になるというわけです。この様子を図 2.8 に描きました。

① $b > 0$ のとき

㋐ $a > 0$

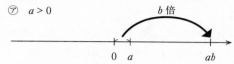

㋑ $a < 0$

② $b < 0$ のとき

㋐ $a > 0$

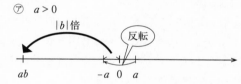

㋑ $a < 0$

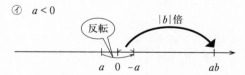

図 2.8 $a \times b$ の計算の仕方

$b > 0$ ならそのまま a に掛ける（a の b 倍）。数直線上では、a の符号の向きに a を b 倍した点が ab を表す。$b < 0$ なら a を原点に対して反転させて $|b|$ を掛ける（$-a$ の $|b|$ 倍）

式の計算

　今も四則演算のところで $a+b$ のような式を使いました。式を使うメリットは、式中に現れる文字（a や b など）に約束に従った任意の数を入れることができることです。

　ある一つの数値しか入れられないなら、わざわざ式にする意味はありません。どんな数でも、約束の範囲内なら入れても成り立つところに式の醍醐味があります。

　2次元の座標平面で、横軸を x、縦軸を y として、中心 (a, b) で半径 r の円の方程式は $(x-a)^2 + (y-b)^2 = r^2$ と表されます（図 2.9）。

　(a, b) や r にどんな実数を入れても円の位置や大きさが変わるだけで、この方程式はやはり円を表すことができます。円を視覚化したければ、この方程式を満たす (x, y) を2次元平面上にプロットすればよいのです。

　式の四則演算は方程式を解くときに必要になり、それによってさまざまな問題の解決に役立つのです。

　簡単な例で見てみましょう。2次元平面上に二つの直線があるとします（図 2.10）。それぞれ、$y = ax + b$, $y = cx + d$ という式で表されているとします。a, b, c, d はすべて実数とします。この二つの式で表される直線が交わる条件を導いてみましょう。

　これは二元連立一次方程式と呼ばれているものでもあります。二元というのは未知数が二つあるということを意味

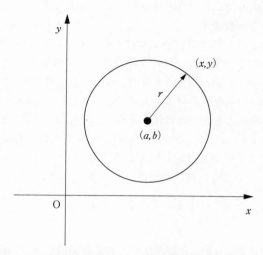

図 2.9 (a, b) を中心とする半径 r の円の方程式を図で示す

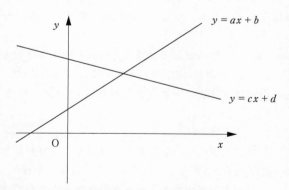

図 2.10 2 次元平面上で交わる二つの直線を考える

し、一次方程式というのは y が x の一次式で表されている
ことを意味します。

交点での y 同士は式の上では等しいですからこれを消去
しましょう。すると、$ax + b = cx + d$、これから x を求め
ると、$(a - c)x = d - b$ となり、$a - c \neq 0$ のときに限り、
両辺を $a - c$ で割り算できるので、$x = (d - b)/(a - c)$。

これをどちらかの式に代入すると、$y = (ad - bc)/(a - c)$
です（$y = ax + b$, $y = cx + d$ のどちらに入れても同じ式
が出てきますから確認してください）。

これで、二つの直線の交点、つまり (x, y) が

$$\left(\frac{d - b}{a - c}, \ \frac{ad - bc}{a - c} \right)$$ として求まります。

ただし、$a - c \neq 0$ を満たすすべての実数 a, b, c, d に対
してです。この条件が破れるときは $a = c$ ですから、二直
線が同じ傾きを持つ、すなわち平行のときです。平行な二
直線は $b = d$ のとき、つまり二直線が一致するとき以外は
交わりませんね。

$a = c$ のときは、$b \neq d$ では連立方程式の解は存在しませ
んが、$b = d$ では解は無限に存在することになります。そ
のときの解は、任意の実数 a, b に対して $(x, ax + b)$ と表
されます。

こうしたことが具体的な数値を入れなくても分かるとこ
ろが、式の計算の有用なところです。この計算の性質が、ま
たいろんな現実の場面でメリットを引き出すことができる
理由でもあります。

四則演算が世界を豊かにする

　数を操作するルールとしての四則演算は、数を文字で表すことで式の計算も可能にしました。これによって数学が扱う世界は、格段に広がりを見せることになったのです。扱う世界が広がると、その世界の隠れていた構造を見る方法論もまた開拓されるという具合に数学自身を豊かなものにしていきました。

　現代数学の高度に抽象化された世界も、その出発点は基本的操作である四則演算であり、式の計算であったのです。

 話題 **3　論理とは何だろうか？**

　前章まででお話ししたように、数学の要とも言えるのが論理です。論理は数学かと思う人がいるかもしれません。論理と数学はもともとは別のものですが、数学は推論の基本に論理を据えました。これによって、数学では信頼できる推論として「証明」という方法が確立されていったのです。

　歴史的には古代ギリシャ、とくに紀元前6世紀にピタゴラス学派によって「論理的に推論する」方法が研究されました。その後、プラトンやアリストテレスがこれを定式化していきました。

　すでに当時のピタゴラス学派の研究に、今日の数学の土台が認められます。誰もが認める少数の命題と誰もが認める少数の概念だけから正しい推論によって結論を導くこと、

このことを原則としました。

 古典論理学の基本、演繹論理

アリストテレスによって古典論理学は確立されたと言ってよいと思います。とくに三段論法の発見は、推論を正しく進める方法を具体的に示したもので画期的です。

数学の証明では、三段論法を基本的な推論方法（演繹論理）として採用しています。それ以外の論法、帰納論理や仮説論理といった別の推論方法もあり、これらもしばしば数学で重要になりますが、何と言っても三段論法が基本になっています。

ここでは、物事を正しく導く推論法として三段論法による演繹論理から話を始め、帰納法、仮説法にも触れたいと思います。

三段論法 **大前提と小前提から結論を導く方法。**

大前提とか小前提とか少し難しい言葉が出てきますが、驚くことはありません。要は前提から結論を導く方法だと考えてください。例えば、次のような例を考えてみます。

大前提：すべての惑星は恒星（太陽）のまわりを回っている
小前提：地球は惑星である
⇒ 結論：地球は恒星（太陽）のまわりを回っている

　これは一つの例にすぎません。三段論法には多くの型があります。詳しい説明はここではできませんが、重要なのは次の点です。

　まず、大前提、小前提は真であること。真であるとは、命題が正しいことを言います。正しくない命題は偽であるといいます。

　ここでは前提が真である命題を扱います。そうでなければ（つまり前提が偽なら）、どんな結論でも導くことができてしまいます。図 2.11 にベン図を描いておきます。

　ベン図で、含まれている集合の要素は必ず含んでいる大きな集合の要素にもなっていますから、図 2.11(1) のベン図は「惑星ならば恒星のまわりを回っている」ことを表しています。逆は言えません。「恒星のまわりを回っているのは惑星である」という命題は真ではないのです。惑星ではないが恒星のまわりを回っているもの（例えば彗星）があるからです。

　惑星の集合と恒星のまわりを回っているものの集合の間に隙間がありますね。これは惑星以外にも恒星のまわりを回っているものがあることを意味しています。

　同様にして、図 2.11(2) のベン図は「地球は惑星である」ということを表しています。そこで、結論として、「地球は恒星のまわりを回っている」ということが導けるのです。

　集合の小さいほうから大きいほうへ「ならば」という推論が成り立ちます。

(1) 大前提を表すベン図

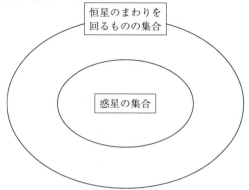

(2) 小前提を表すベン図

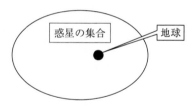

図 2.11　三段論法をベン図で考える

 論理記号を使ってみよう

これを記号で書くと次のようになります。惑星の集合を惑星の英語 Planet の頭文字をとって P、同様に頭文字をとって恒星 Stars のまわりを回っているものの集合を S、地球を E と書いて、「ならば」を矢印 ⇒ で表しましょう。

　すると、大前提は P⇒S と表され、小前提は E⇒P と表されます。結論は E⇒S と表されます。

　つまり、大前提は述語 S と中間命題 P をつなぐ命題で、小前提は主語 E と中間命題 P をつなぐ命題なので、推論は小前提、大前提の順になり、E⇒P かつ P⇒S ならば E⇒S と書けます。

　ここで、中間の P は最初の推論では結論ですが、次の推論では前提になっていますから、二つの推論を続けて P を飛ばせば E から S が直接導けるというわけです。

　このような三段論法をもとにして推論することを**演繹論理** (deduction) といいます。あるいは簡単に、演繹する、と言います。

じつは「当たり前のことを確認するための論法」

　同じようにして、命題を P や Q で表して、「ならば」を ⇒ で表しましょう。三段論法は次のようにも書けます。

三段論法（別の表現）

P が成り立ち、かつ P⇒Q が成り立つならば、Q が成り立つ。

　なんだか当たり前のことを言っているようですが、そうなんです。三段論法は「当たり前のことを確認するための論法」でもあります。

　例えば、$x + y = 3$ という方程式を考えるとき、P を

「$x = 2$」という命題とすると、$y = 1$ が成り立ちますから、Q を「$y = 1$」という命題とすると、P⇒Q は「$x = 2$ ならば $y = 1$ である」という命題になります。つまり、$x = 2$ が正しいと仮定すると $y = 1$ が導けるというわけです。つまり、方程式を解くときも三段論法を使っているのです。

むろん、この方程式は変数が x と y の 2 個ありますから、これを成り立たせる x, y の組は無数にあります。

▇ 経験から規則を推論する方法、帰納論理

こういった三段論法は演繹論理によって推論を行う方法（これを「演繹的に推論を行う」とも言います）ですが、推論の方法はほかにもあります。

実験によっていろんなデータが出てきたとき、そのデータにある規則を見出したとしましょう。例えば、何らかの実験の結果、1, 2, 4, 8, 16 という数が順番にデータとして得られたとします。これをじっと見ていると、最初の数 1 を倍々にしていった数がデータを支配する規則に見えてきます。つまり、n 番目の数を $p(n)$ としたとき、$p(n) = 2^{n-1}$ がこの実験データの支配規則だと推論したくなります。

データは 5 個しかなく、規則としては $n = 5$ までは成り立つとしか言えません。この規則が以後も成り立つなら、6 番目のデータは 32 だと予想できます。しかし、6 番目のデータは 5 かもしれず、108 かもしれません。有限のデータだけでは一般的な規則を導くことはできません。

$p(n) = 2^{n-1}$ という規則は、あくまで、n が 5 までに成

り立つ規則です。こういう注意書きのもとで、6番目以降もデータがこの規則に従うのではないかと推論することは可能です。このような推論形式を**帰納論理**（induction）と呼んでいます。経験から規則を推論する方法です。ここでいう規則とは三段論法の用語で言えば、前提であるPのことです。

　これが有効なのは、経験により直観が磨かれている場合に限ります。科学の現場ではしばしばこのようなトレーニングを積んで、帰納的推論の確度を上げていきます。数学でも、研究対象の数学的主題に関するさまざまな経験、時には計算機実験のような手段も使って、経験を積み、こんな命題が成り立つのではなかろうかと予想をすることがあります。

　むしろしょっちゅう帰納的推論を行っていると言ってもいいくらい、この推論方法は重要です。しかし、帰納的推論は数学的には必ずしも正しいとは限らないことは注意しなくてはなりません。

 機構がよく分かっていない仮説論理

　さらにその機構がまだよく分かっていない推論形式に、**仮説論理**（abduction）があります。これは前提と結論が分かっているときに「前提から結論を導く推論自体を導く論理」で、演繹論理と同様に、論理的にはトートロジーという常に正しい論理です。

機構が分かっていないというのは、人が仮説を作る機構、つまり前提と結論が得られたときになぜ前提から結論を導くような推論が可能なのかということが分かっていないという意味です。

　もう少し詳しく言うと、仮説論理を演繹論理にもっていく方法が必ずしも明らかではない、ということです。これは定理の証明の過程にも現れることです。P を前提として、Q という結論が得られている場合、P ならば Q であることを証明するために、P⇒R1⇒R2⇒Q という証明もあれば、P⇒S1⇒S2⇒S3⇒Q という証明もあり得ます。この途中を補って演繹論理を完成させる過程はいくつもあり、なぜ人がそれを思いつくのかは分かっていません。天才はいきなり P⇒Q が分かるかもしれません。

　かのアイザック・ニュートンは「我、仮説を作らず」と言いましたが、実際は次に見るような万有引力の仮説を提案したのでした。

　有名な逸話——リンゴが木から落ちるのを見たニュートンは「リンゴはまっすぐに地球の中心に向かって地上に落ちるのに、なぜ月は地球に落ちてこないのか」という疑問を持ちました。そこで、ニュートンは「星同士の間にもリンゴと地球の間にも同じように引力が働き、その初速度の大きさの違いによって周期的な回転運動をするか落下運動をするかが決まる」という仮説を立てました。

　そして、ニュートン自身が作った微分積分法を使うことで、演繹推論によってこの仮説を数学的に証明したのです。さらにニュートンは微分積分法を駆使して、ヨハネス・ケ

プラーがティコ・ブラーエらの膨大な天体観測のデータから経験的に帰納的推論によって得た、太陽のまわりの惑星運動に関する三法則を証明しました。

　その後もニュートンの万有引力の仮説に基づく微分方程式を解くことで、さまざまな惑星運動がきれいに説明され、これによって万有引力の仮説は万有引力の法則になったのです。

　ですから、仮説生成というのも科学を発展させるためには大変重要な推論の方法なのです。

<u>Column</u>

ニュートンのリンゴの木

　ここで、ちょっと一息入れて、ニュートンのリンゴの木の話をしましょう。ニュートンはイングランド東部のウールスソープ・バイ・コールスターワースという村で生まれました。生家にリンゴの木があったのですが、当時のリンゴの木は今の改良されたものとは違っていました。いわゆるリンゴの古樹です。

　当時のイングランドの気候では7月から10月にかけて実がなり、実が木についている間は渋くて食べられません。実が木から落ちて2〜3日した頃が、熟して食べごろとのことです。地上に落ちた実はすぐに腐ってしまうので、食べられる期間は限られていました。面白いのは、実がなってはぼたぼたと大量にリンゴが落ちるということです。これが7月から10月まで続くわけですから、ニュートンがリンゴの落ちるのを見る機会は日常茶飯だったということでしょう。

ニュートンは当時トリニティ・カレッジに勤めていましたが、ロンドンでペストが流行したため生家に戻っていたのです。1665〜1666年の2年間に2度、計18ヵ月生家で思索に没頭しました（論理的には、この時期にちょうどリンゴがぼたぼたと落ちる期間が含まれています。どうしてでしょう。皆さんも自分で考えてみてください）。

　さて、「ニュートンがリンゴの落ちるのを見て万有引力の法則を思いついた」というのは信憑性がないという人もいますが、私はこのようなリンゴの実が落ちる光景を目にすれば、さもありなんと思うのです。

　ニュートンの生家にあったリンゴの古樹自体は1814年に伐採され現存していませんが、接ぎ木によって世界中に配られています。その一本が1964年に日本に来ました。検疫したところ伝染病に感染していたため、いろいろと手を施さねばなりませんでした。やっと1981年になって東京の小石川植物園で公開されたのです。以来、日本各地にもこの木から増やされた木が育っています。

　私の最後の晩餐はニュートンのリンゴと決めています。

論理が科学の基礎を作ってきた

　論理と3種類の推論について説明してきました。これらはすべて数学や自然科学の基礎を形作っています。論理は推論を正しく導くために必要です。「ステップ1」で触れたように、19世紀にはジョージ・ブールが命題の確からしさという概念をもとに、0と1の二値だけからなる論理を作りました。これからブール代数というものが出来上がり、人間の思考の一つの外在化が成し遂げられたのです。

　面白いことに、ここから現在のデジタル計算機が作られ、また今日の AI、人工知能の基礎が形成されました。しかし、人間の思考はこれにとどまりません。人は自分の思考を機械に置き換え始めたのです。これが始まったのは 19 世紀ですが、今日も続く考え方です。

　そして、このように外在化した思考の形である計算機械によって世界を書き尽くそうと企てました。これが人工知能の基本的な思想です。現在の人工知能はまだまだ数学の力を使いこなせていませんが、それでも高度な数学が土台になって発展しているのです。

　数学は、正しい命題の集合体系です。ですから、真なる命題から出発して真なる命題を導くことが数学的営みの基本です。数学者は日夜このように演繹論理によって真なる命題を増やし続け、数学を豊かにしていっています。

　本節でも触れたように、数学者は時に帰納論理を使って規則を予想し、結論を予測してみたり、仮説論理を使って定理を証明したり、さらには現象の背後にある規則を証明したりして、数学以外の分野の問題を解決し、それを数学の命題の一部に組み入れてきました。ですから、数学の本質を知るには論理を知ることが重要なのです。

数学が誠実でなければならない理由

「ステップ 2」では、「測定」「計算」「論理（推論）」を数学の本質と見定めて、これら 3 項目を解説してきました。

数学は正しい命題の集合です。ですから、正しい命題を導く方法である「論理」が数学の本質であることは言うまでもありません。そこでは、演繹論理がことさら重要ですが、それだけではなく数学者は日夜数学的経験を積み数学的現象を多く観察することで数学に対する直観力も磨いています。このとき、帰納論理や仮説論理も使っています。

　数学はまた、複雑な現象の理解や人類の心の欲求を誰でも分かるように定式化することで心を外在化します。計算機はその良い例です。このことを実現するために数学は対象に「操作」を加えます。この操作の一つの側面が「計算」です。
　また対象の何らかの量（大きさ、広がり、長さ、重さなど）をきちんと測定することは人が社会を構成するときになくてはならない概念であり、行為です。これも数学的操作によって成し遂げられてきました。これが「測る」ということです。

　このように、数学は人の心の内側、その外側にある自然、外と内の境界、つまりインターフェイスに位置する社会に対して、それぞれ「測定」「計算」「論理（推論）」という方法を与えることで関与しています。この三つが数学にとって本質的だと筆者が考えるのは、こういう理由からです。
　これこそまさに、数学が誠実な学問でなければならない理由なのです。そして実際、数学はそのようになってきました。数学以外のすべての学問、芸術、最近ではスポーツも、数学が誠実な学問だからこそ信用して使っているのです。

数学の 最初のつまずき を解消する

苦手意識はここから始まる？

さて、ここまで少しずつステップを踏んで、数学がどうやって始まった学問なのか、そして数学の本質とも言えるのはどういった部分なのかをお話ししてきました。「数学とはどんな学問か」が、少しずつ見えてきたでしょうか。

　本書を通して数学に親しみを持ってもらいたいというのが私の思いですが、この「ステップ3」では、数学が苦手な方が戸惑いやすいポイントをいくつかピックアップして解説していきます。

　数学が嫌になるのは、最初に学んだときのちょっとしたつまずきから始まるので、それを少しでも解消してもらえればと思います。

---

1 記号の役割

　プロローグでもお話ししましたが、数学では文字や記号に意味をつけます。自然言語では単語に意味があり、表音文字自体には意味はありません。ここが数学と私たちが日常で使う言語とが大きく異なっている部分です。ここでは、**文字も含めて「記号」と呼ぶ**ことにしましょう。

　数学では記号が大事なので、上手に記号を使わないと逆に混乱を起こします。記号を使うときにはできるだけ意味が分かるような使い方をするほうが良いし、計算が楽になるように工夫すべきでしょう。二、三、例をあげて説明しましょう。

面積の記号として何が適切か？

　面積を表す記号として、よく S や A が使われます。なぜでしょうか。

　むろん、数学は自由ですからどんな記号を使ってもよいのです。例えば、面積を「め」と表記してもいいですし、Q と表記しても構いません。

　しかし、「め」では日本人にはいいですが、それ以外の国の人には記号として難しすぎます。すぐに頭には入りませんね。すぐに頭に入って、記号自体が思考の負荷にならないようにしないといけません。「め」は却下です。Q は悪くありませんが、この記号から面積を想像するのに負荷がかかります。

　S や A だとなぜ負荷がかからないのでしょうか。A は面積の英語 Area の頭文字ですから英語を知っている人には親しみが持てます。むろん英語をまったく理解しない人たちには負荷がかかりますが、現在は英語が世界共通語ですから、A で面積を表しても混乱はさほど起きないでしょう。

　S はどうでしょうか。私にはこの記号のほうが面積らしいものに思えます。

「ステップ2」で土地の面積を測ることを説明しました。このとき面積が明確に計算できる簡単な図形（正方形や長方形）を単位として、面積を測りたい図形をこのような単位図形でできるだけ過不足なく覆っていって、単位図形の面積の和を取りました。このように面積というのは、その測り

方から単位図形の「面積の和」という意味を持っています。

和を英語で Summation と言い、また正方形 Square の短冊の集まりという意味もあり、その頭文字をとって S と書くようになりました。

A か S か、などは個人の好みもありますので、記憶が楽な記法を使えばよいと思います。数学ではどんな記号を使うかは自由です。ただし、混乱が起きないように、また、計算が楽になるように記号を使ったほうが得策なのです。

S のギリシャ語は Σ（シグマ）です。この記号も、数列の和である級数を表すときに使いますね。この記号は有限個のものや無限でも 1, 2, 3 のような自然数の極限としての「数え上げられる無限」（可算無限と言ったりします）の場合に使われます。S や Σ を変形したのが、積分記号 $\int$（インテグラル）です。これは数えられないほど多くの点を含んだ（つまり、広がりのある）ものの量を表すのに使います。

このように、数学でよく使われる記号は、なぜそれが使われるようになったのかを押さえておくと、式が何を表現しているのか理解しやすくなるはずです。

微分記号の謂れは？

微分で使われる記号 $\dfrac{dx}{dt}$ にも意味があります。t を時間、x を物体の位置とします。物体は Δt の時間幅の間に Δx だけ移動したとしましょう。記号 Δ はギリシャ語由来で、デルタと読み、変化を表すときによく使います。

　この物体の単位時間当たりの位置の平均変化率は、二つの量の割り算（商とも言います）$\dfrac{\Delta x}{\Delta t}$ で与えられます。

　時間幅 Δt をどんどん小さくしていって、無限に小さくなったとき（無限小と言ったりします）、物体の位置の変化も無限に小さくなっていくでしょう。

　分母、分子のこの二つの量が共に無限小になっていくとき、商はどうなるでしょうか。これを表すのが微分という概念です。x の t での微分（位置の時間による微分）と言います。

　このとき、時間、位置のそれぞれの有限の変化 Δ がどんどん小さくなり無限小になっているわけですから、より小さくなったことを表すのに、ギリシャ語の Δ の小文字 δ を使うか、対応する英語の小文字 d を使うかという選択があります。数学ではどちらも使われることがありますが、微分に関しては後者が使われるようになりました。

　δ の方は別の意味で使われるようになりました。ここでは難しくなるので説明しませんが、変分という概念を表すのに使われるようになったのです。

　微分を発明したのはニュートンとライプニッツです。じつは微分を表す記号として $\dfrac{dx}{dt}$ を使ったのはライプニッツでした。

　ニュートンは微分を「流率」と呼んで、「$\dot{x}$」で x の t での微分を表しました。「エックスドット」と言います。この記号のほうが簡単なので今でもこの記号を使うことがあり

ますが、たいていの教科書ではライプニッツ流の記号を採用しています。「ドット」は印刷だと、記号なのか汚れなのか区別がつかないことがあるからです。

　簡単なら良いというわけでもなさそうですね。やはり、分かりやすいか想像しやすい、さらには計算しているときにいちいち確認しなくても済むくらいにすぐに記憶に残るような記号を工夫することが重要なのです。

アラビア数字の発明が計算を便利にした

　現代の多くの国では、数と言えばアラビア数字のことです。私たちが普段「数字」と呼んでいるものは、中世のアラビアで発明されました。古代ギリシャやローマでは、まったく違う数字が使われていました。古代ギリシャのイオニア式数字はギリシャ文字のアルファベットを使い（「ステップ1」参照）、数字の場合にはアルファベットの末尾にアポストロフィー（'）をつけて文字列と区別していたのです。

　また、古代ローマではローマ数字が使われました。これは今でも時々見かけます。時計の文字盤などはローマ数字を使っている場合がかなりあります。

　アラビア数字 1, 2, 3, 4, 5, 6, 7, 8, 9, 10 に対応するローマ数字は I, II, III, IV, V, VI, VII, VIII, IX, X です。50 は L、100 は C、500 は D、1000 は M と表しました。V より I 少ない 4 を IV、X より I 少ない 9 を IX、L より X 少ない 40 を XL などと表します。

　アルファベットを数字と対応させたり、ローマ数字のような表記では、数の計算は大変難しくなります。また、大きな数を表現することもできません。

　たとえば41+99をローマ数字ではXLI+XCIXと表記したうえで計算せねばならず、簡単ではありません。アラビア数字だと簡単ですね。140とすぐに出ます。

　140はローマ数字ではCXLです。上の足し算からこの結果がすぐに導けるでしょうか。私たちがこの数字に慣れていないせいもありますが、実際にやってみるととても大変です。この表記では、位取り（数字の桁）が定まっていないからです。

　位取りが定まれば同じ桁同士を計算していくことが可能になり計算はずっと効率的になります。ローマ数字ではさらに掛け算や割り算となると、もうやる気すら起きませんね。きっと、古代ギリシャやローマではだれも計算をしたいとは思わなかったでしょう。

　位取りが不明確であるというのは、計算する際には致命的です。実際、古代ローマでは整数と小数では位取りが違っていましたから、小数の足し算、引き算でさえ非常に面倒な手続きを経なければ正解を出すことはできませんでした。

　ですから、古代ギリシャでは幾何学や論理が非常に発達した半面、実用的な計算はまったく発達しませんでした。アラビア数字が優れているのは、十進法という位取りが統一されていることと、0という「何もない」ことを表す記号を位取りのための数字として導入できたことです。

　9の次の数を表すのに一桁目に0を書き、10と書くこと

で一つ桁が上がって次の数を表すことができたのです。「十進法」ですね。こうすることで四則演算が格段にやりやすくなり、間違いが激減したはずです。

　よく知られているように、0の発見はインドでなされましたが、アラビア人たちはこれをうまく数の表記に利用しました。これにより、アラビアでは数値の四則演算が非常に発達し、また方程式の計算もできるようになりました。アラビア数字の発明は、「良い記号を作ることが数学の要でもある」ということを如実に示したものでもあるのです。

② 三角関数、三角比

　sin, cos, tan——三角関数、三角比が苦手という人は多いようです。とくに三角関数ではたくさんの公式が出てきて、覚えるのに苦労するという人をよく見かけます。ですが、ここでぜひ皆さんにお伝えしたいのですが、公式は覚えようとしたらダメなんですね。

丸暗記は中学生まで

　努力して覚えたものを長年記憶できるのは、（もちろん人によりますが）おそらく中学生の頃までです。この頃まではいわゆる丸暗記ができます。丸暗記というのは、意味を考えないでそのものをそのまま覚えることです。これは若い頃にはできるので、小学校や中学校で、先生が「これを

覚えておきなさい」というのもあながち間違った教育では
ないと私は思います。

　物事の意味が分かるには、いろいろと勉強して経験を積
まないといけません。学校教育の早い段階では、そのよう
な経験はまだ積んでいませんから、とりあえず覚えておく、
というのは致し方ないやり方です。

脳科学から見た丸暗記の極意

　私は数学で脳の情報処理の仕組みを解き明かすことも専
門としているので、その立場から少しお話しすると、丸暗
記の極意は、**何度も何度も繰り返し同じことをやってみる**
ことなのです。

　意味は分からずとも、同じ漢字を繰り返し書いたり、同じ
文章を繰り返し読んだり、同じ証明を繰り返し書き写した
り、とにかく数多くの繰り返しをすると記憶が定着します。

　これは記憶したい事柄の信号が脳の海馬というところを
通過して大脳新皮質にいき、また海馬に戻ってくるという
ループが形成されて起こることです。脳では神経細胞と神
経細胞の間の結合（シナプスと言います）が強くなると記
憶が強化されたり、情報処理が素早くできるようになるの
です。この原理が分かっていると、繰り返し同じことを行
うことがいかに大事かが分かります。

　これは運動でも同じです。運動をつかさどる脳の領域（大
脳皮質運動野、大脳基底核、小脳、脊髄といったところが

主に関係します）の神経細胞のネットワークが強化される
のは、同じ動作を繰り返し何度も何度もおこなったときだ
けです。教科の勉強も運動の習得も基本は同じなのです。

高校からは理屈で考えると記憶できる

中学生くらいまではこうやって丸暗記してもそれが記憶
として定着しますが、高校生くらいになると、丸暗記した
ことはせいぜい数ヵ月しか持ちません。逆に一夜漬けは歳
をとっても可能です。脳科学で理由はまだ十分に解明され
ていませんが、このことは高校生以上の読者の方なら自ら
の経験から納得できるのではないでしょうか。

ではどうすれば良いかというと、高校生くらいになった
ら、丸暗記ではなく、**意味を考えて筋道を立てて理解する**
ようにすれば記憶は定着します。

この頃になると、大脳新皮質の前頭葉が十分に発達して
きますから、それまでに蓄えた知識を論理的につなぎ合わ
せることが可能になってきます。そうすると、記憶は海馬
などの古い脳の部分だけではなく、この古い部分と新しい
新皮質との連合によって強化されていきます。とくに論理
をつかさどる前頭葉と記憶形成に関わる海馬の連合が強化
されることは重要で、これによって論理的に考えたことは
覚えようとしなくても自然と記憶できるようになるのです。

数学の公式は覚えなくていい

　このことがもっともよく表れるのが数学です。皆さんの中には数学は暗記科目だと思っている人が案外多いのではないかと思いますが、これは誤解で、数学の公式は覚える必要がほとんどありません。

　定義は言葉の意味の約束事ですから、これは覚える以外にありません。さらに、基本になるいくつかの公式を覚えるのはやむを得ないところですが、それ以外は基本公式から論理的に導けるのです。

　三角関数では一見、多くの公式が出てきますが、これらをすべて覚える必要はなく、忘れたら導けばよいというわけです。そうやって一度か二度導けば自然と記憶してしまいます。

　しかも、こうやって**理屈で覚えたものは忘れることがありません**。覚えようとして理屈抜きで覚えたものは、簡単に忘れてしまいます。これはおそらく、前頭葉と海馬の連結の強化の有無が記憶の定着にとって要になっているからだと考えられます。

　「忘れても導けるという自信をつける」ほうが、記憶が定着するのですね。これも、脳神経系の仕組みを考えると納得のできることなのです。

三角法の意味

「ステップ1」で、天体の位置や、地球上の遠いところにある建物や目標の木までの距離の測量に三角法が使われたと述べました。この三角法の原理を簡単にお話ししておきましょう。

　図3.1のように、目標物Oまでの距離を測るために、異なる二点A, BでOまでの距離の測量をおこないます。

　つまり、測量によって角度OABと角度OBAを実測します。この実測値をそれぞれ、α, βとしておきます。また、

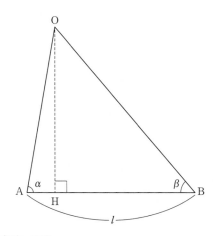

図 3.1　三角法って？

AとBそれぞれの地点からOまでの距離を測る

AB の距離の実測値を l とします。

　便宜的に O から AB におろした垂線の足（この垂線と線分 AB の交点）を H とすると、長さ AO, BO は三角関数の定義を使って、

$$l = AH + BH$$
$$= AO \cos \alpha + BO \cos \beta$$
$$AO \sin \alpha = BO \sin \beta$$

の 2 式の連立方程式から求まります。

　答えは、

$$AO = \frac{\sin \beta}{\sin(\alpha + \beta)} l$$
$$BO = \frac{\sin \alpha}{\sin(\alpha + \beta)} l$$

となります。

　最後の答えの表記では加法定理 $\sin(\alpha+\beta) = \sin \alpha \cos \beta + \cos \alpha \sin \beta$ を使って表記を簡単にしていますが、加法定理を知らなくても計算はできますから、三角関数の定義さえ知っていれば測量はできます。

　このように、角度を測って測定点間の距離を測っておけば、目標物までの距離を求めることができます。そのためには三角関数が必要になるので、古代からおこなわれてきたこの測量技術は**三角法**と呼ばれます。昔は航海術に利用されましたが、現代では宇宙にある星までの距離を求めるのにも使われています。

三角関数を単位円を使って考えてみる

三角関数は測量だけでなくいろいろなところに顔を出し、応用範囲が非常に広い概念ですから習得しておくに越したことはありません。例えば、周期的な変化は三角関数を使って表すことができます。

それを感覚的に理解するためには、次のように三角関数を単位円上で定義しておくとよいでしょう。図3.2に示したように、半径1の円周上の点 A の座標を (x, y) と書いておきましょう。x の値は A から x 軸上におろした垂線の足 (H) の x 座標の値です。同様に、y の値は A から y 軸上におろした垂線の足 (K) の y 座標の値です。

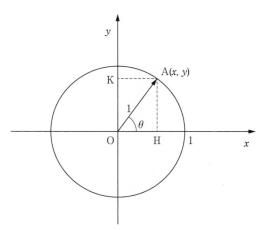

図 3.2 三角関数を定義する

　原点 O から単位円周上の点 A への直線 OA と x 軸とのなす角度を θ とすると、θ の関数として次のような三角関数を定義できます。

$$\sin\theta \equiv \frac{AH}{OA} = \frac{y}{1} = y$$

$$\cos\theta \equiv \frac{OH}{OA} = \frac{x}{1} = x$$

$$\tan\theta \equiv \frac{AH}{OH} = \frac{\sin\theta}{\cos\theta} = \frac{y}{x}$$

　それぞれ、サイン（正弦）、コサイン（余弦）、タンジェント（正接）と呼び、θ の関数という意味でそれぞれ正弦関数、余弦関数、正接関数と呼んだりします。

　以前にも出てきましたが、記号 $\equiv$ は定義を表します。ここで θ を関数の引数（ひきすう）と言います。**関数**というのは、引数に数を代入したとき、値として数を返すものを言います。

　つまり、引数に与える数に応じて関数の値は決まってきます。このように、無数の数と無数の数を対応させるものが関数なのです。ただし一つだけ約束事があって、引数の一つの値に対して複数の関数の値が対応することは禁止します。

　三角関数というのは、「角度 θ の値に応じて半径 1 の円周上の点の座標値を対応させる関数」なのです。三角関数を使うことで、どれだけの角度回転したら東西南北のどこにいるかを知ることができます。

それぞれの逆数が、次のような記号を使ってそれぞれの
呼び名を持っています。

$$\mathrm{cosec}\,\theta \equiv \frac{1}{\sin\theta}$$

$$\sec\theta \equiv \frac{1}{\cos\theta}$$

$$\cot\theta \equiv \frac{1}{\tan\theta}$$

それぞれ、コセカント（余割）、セカント（正割）、コタ
ンジェント（余接）と呼びます。

ここでは、三角形の斜辺の長さが 1 の場合を考えました
が、三角形の斜辺が一般に a であるならば、定義の分母の
1 をただ a に置き換えればよいだけです。

公式は図から読み取ろう

三角関数の公式は、図 3.2 から導かれます。上では三角
形 OAH を考えましたが、例えば次の公式が成り立つこと
は、三角形 OAK を考えれば定義から簡単に分かります。

$$\cos\theta = \sin\left(\frac{\pi}{2} - \theta\right)$$

$$\sin\theta = \cos\left(\frac{\pi}{2} - \theta\right)$$

$$\tan\theta = \cot\left(\frac{\pi}{2} - \theta\right)$$

ここで、$\dfrac{\pi}{2} = 90°$ です。ベクトル OA が $90°$ を超えて第二象限に来ると、y 座標は正ですが x 座標の値が負になることに注意しましょう。これも図を見ると分かることです。

象限というのは、平面上で二つの座標軸で区切られた区画のことを言います。第一象限、第二象限、第三象限、第四象限はそれぞれ原点の右上、左上、左下、右下の区画の名称です。

同様に、ベクトル OA が第三象限にくると、x 座標、y 座標ともに負になります。第四象限なら、x 座標は正で y 座標が負になります。

また、ステップ 1 の定理 1 で見た直角三角形の**ピタゴラスの定理**（直角三角形の斜辺の自乗は他の二辺のそれぞれの自乗の和に等しい）から、

$$OA^2 = OH^2 + AH^2$$
$$= \cos^2\theta + \sin^2\theta$$
$$= 1$$

より、三角関数の基本公式

$$\cos^2\theta + \sin^2\theta = 1$$

が導けます。

記号 $\cos^2\theta$ はコサインの自乗を表しています。つまり、$\cos^2\theta \equiv (\cos\theta)^2$ のことですが、カッコをわざわざつけるのは煩わしいし、かと言ってこのままカッコを外すと変数 θ の自乗と区別がつきませんから、三角関数のべき乗は $\cos$

131

などの記号のすぐ後に書く習慣になっています。

三角関数の基本

　図3.2を少し工夫して、図3.3のように、x軸から角度 α だけ反時計回りに回転した円周上の点を A、OA から角度 β だけ反時計回りに回転した線分（あるいはベクトル）を OB としましょう。

　B から x 軸への垂線の足を D とし、B から OA への垂線の足を C としましょう。また、B から x 軸に平行に線分を引き、これが C を通る y 軸に平行な直線と交わる点を B′ とし、B′C を x 軸上まで伸ばした x 軸との交点を D′ としましょう。これで、**三角関数の基本公式の一つである加法定理**が簡単に証明できます。

　加法定理というのは、二つの角度の和の三角関数をそれぞれの角度の三角関数で表す定理です。皆さん、ぜひ挑戦してみてください（証明を図の下に書いておきますので、あとで確認してみてください）。

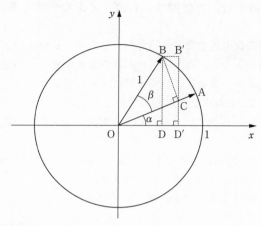

図 3.3 加法定理の証明

$$\sin(\alpha + \beta) = BD = CD' + B'C$$

$$CD' = OC\sin\alpha = \cos\beta\sin\alpha$$

$\angle BCB' = 90° - \angle OCD' = \alpha$ より、$B'C = BC\cos\alpha = \sin\beta\cos\alpha$
（記号 $\angle$ は角と角度を表す）したがって、

$$\sin(\alpha + \beta) = \sin\alpha\cos\beta + \cos\alpha\sin\beta$$

が得られる。これは $\sin$ の加法定理である。
また $\cos$ の加法定理も次のようにして求まる。

$$\cos(\alpha + \beta) = OD = OD' - DD'$$

$OD' = \cos\beta\cos\alpha,\ DD' = BB' = \sin\beta\sin\alpha$
よって、

$$\cos(\alpha + \beta) = \cos\alpha\cos\beta - \sin\alpha\sin\beta$$

基本公式だけ押さえれば、どんな公式も導ける

　三角関数の基本公式を紹介しましたが、じつは加法定理が証明できると、あとの三角関数の公式は覚える必要はなくなります。必要に応じて導けばよいのです。

　例えば、上の式で $\alpha = \beta$ とすると、$\sin 2\alpha = 2 \sin\alpha \cos\alpha$ と $\cos 2\alpha = \cos^2\alpha - \sin^2\alpha$ のように、二倍角の公式が導けます。

　$\cos$ の二倍角の公式をよく見ると、$\cos^2\theta + \sin^2\theta = 1$ を使って半角の公式もすぐに導けます。

　三倍角の公式も加法定理に $\beta = 2\alpha$ を代入すれば、二倍角の公式を使って求まります。

　また、加法定理から和と積の公式も導くことができます。

　例えば、

$$\sin(\alpha + \beta) = \sin\alpha \cos\beta + \cos\alpha \sin\beta \cdots ①$$

から β のところを $-\beta$ に置き換えると、

$$\sin(\alpha - \beta) = \sin\alpha \cos(-\beta) + \cos\alpha \sin(-\beta)$$

ですが、図3.2から角度を負にすると y 座標の値が負になりますから

$$\sin(-\beta) = -\sin\beta$$

また、角度を負にしても x 座標の値は変化しませんから

$$\cos(-\beta) = \cos\beta$$

が成り立ち、これらより、

$$\sin(\alpha - \beta) = \sin \alpha \cos \beta - \cos \alpha \sin \beta \cdots ②$$

が得られます。

①と②の二つの加法定理の式の辺々を足し算すると、

$$\sin(\alpha + \beta) + \sin(\alpha - \beta) = 2 \sin \alpha \cos \beta$$

$A = \alpha + \beta, \ B = \alpha - \beta$ とおくと、

$$\sin A + \sin B = 2 \sin \frac{A + B}{2} \cos \frac{A - B}{2}$$

となり、和と積の公式の一つが導けました。あとの公式も同様な工夫をすれば導くことができます。

　三角関数では公式がたくさん出てくるように見えるかもしれませんが、それは錯覚です。二つの加法定理を自分で導いて頭に入ったら、あとはこれを使って、いろんな公式を導くことができます。一、二度自分で導いてみれば、自然と覚えてしまうはずです。

　三角関数は三角比から分かるように、三角形という図形に関係して出てくる角度と長さの関係を表す関数です。ですから、三角形の三辺と三つの角の間の関係も三角関数を使って導くことができます。ここでは、これ以上踏み込みませんが、これが正弦定理、余弦定理として知られている定理です。

自然界の周期現象を表せる関数である

　三角関数は測量という現実の必要に端を発していますが、さらに自然現象の理解や、いろいろな計測装置の開発にも応用されるなど、その応用上の重要性から数学の価値をさらに高めています。

　三角関数が数学の中で重要な役割を担っている理由の一つに、三角関数を使って**周期現象**を表せるということがあります。周期現象とは、ある周期ごとに同じことが繰り返されるような現象です。

　例えば、振り子を考えてみましょう。振り子が端から端にいってまた戻ってくることを一周期として、同じことが（摩擦がなければ）繰り返し起こります。地球の自転運動はおよそ 24 時間を周期として同じことが繰り返されます。

　また、太陽のまわりを回る地球の公転は、およそ 365 日を周期として同じことが繰り返されます。このような周期現象を表すのに三角関数が使われます。

　まず、$\sin\theta, \cos\theta, \tan\theta$ のうち $\sin\theta, \cos\theta$ は 2π を周期とした θ の周期関数、$\tan\theta$ は周期 π の周期関数だということを理解しましょう。

　図 3.2 を見ると、次のことがすぐに分かります。

$$\theta = 0 \text{ で} \sin\theta = 0 \text{、} \theta = \pi/2 \text{ で} \sin\theta = 1 \text{、}$$

$$\theta = \pi \text{ で} \sin\theta = 0 \text{、} \theta = 3\pi/2 \text{ で} \sin\theta = -1 \text{、}$$

$\theta = 2\pi$ で $\sin\theta = 0$ で、変化は一周します。

コサインについても同様に、引数である変数の変化に対してコサインがどのように変化するかを見れば、周期が 2π であることが分かります。

タンジェントについては、$\theta = 0$ で $\tan\theta = 0$、$\theta = \pi/2$ で $\tan\theta = +\infty$ となり発散（値が際限なく大きくなり無限大になること）しますから、ここで関数の変化の連続性が途切れます。

θ を $\pi/2$ より少し大きくすると、$\tan\theta$ の値は負になるからです。

これに対して $\theta = 0$ のところの変化は連続です。θ を 0 から負に変化させていくと、$\theta = -\pi/2$ で $\tan\theta = -\infty$ となることが分かりますから、タンジェントの一周期は $-\dfrac{\pi}{2} < \theta < \dfrac{\pi}{2}$ の範囲で起こります。

したがって、タンジェントの周期は π になります。

グラフで直感的に理解する

このように図 3.2 を見ながら考えれば分かるのですが、これをもっと見やすくするために、θ を変化させたときのこれらの関数の変化の仕方をグラフに描いてみましょう。図 3.4 にはこれら三つの三角関数の変化をグラフとして描いていますので、じっくりと眺めてみてください。

このように、関数のグラフを描くと、その周期性が直感的に分かるようになります。

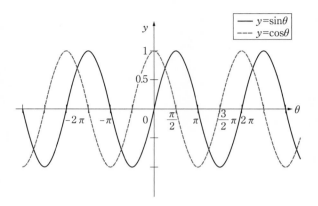

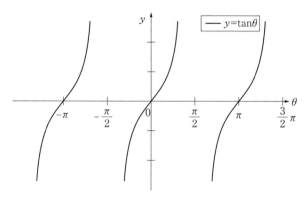

図 **3.4** 三角関数のグラフ

三角関数は複素数とも関係する

この三角関数を使って「べき乗を拡張する」ことができます。ここでの「べき乗の拡張」を理解するために、ある正数 a のべき乗を順々に拡張する様子を確認しておきましょう。

まず、自然数べきは a^N で N は自然数です。これは a を N 回掛けたものです。べきを整数に拡張すると、負のべきまでべき乗が拡張されます。

M を整数として a^M と書きますが、負の M に関しては、$a^{-|M|} = \dfrac{1}{a^{|M|}}$ となります。

べきを有理数まで拡張すると、$a^{p/q} = (a^{1/q})^p$ という形ですが、ここで p は整数、q はゼロでない整数です。$a^{1/q}$ は、q を正とすると a の q 乗根で、方程式 $x^q = a$ の解です。q を負とすると $\dfrac{1}{a}$ の $|q|$ 乗根で、方程式 $x^{|q|} = \dfrac{1}{a}$ の解です。

次にべき乗を実数に拡張し、実数 R に対して a^R を考えます。実数べきを定義するためには無理数べきが存在することを証明しなければなりませんが、これには大学レベルの数学の知識が必要になります。

さて、べき乗を複素数べきにまで拡張したとき、複素数 $z = x + iy$（i は虚数単位）に対して $e^z = e^{x+iy} = e^x e^{iy}$ になります。

右辺の最初の項は実数べきですが、2 番目の項が複素数べ

きの部分です。これを $e^{iy} \equiv \cos y + i \sin y$ と定義します。

　この公式はレオンハルト・オイラーによって、指数関数と三角関数のべき級数展開を比較することで証明されたものなので、まさに公式なのですが、べき乗の複素数への拡張の定義ともみなせるのです。

　図 3.2 の単位円周上の点 A の x 座標を x、y 座標を y とすると、図 3.2 を改めて複素数平面とみなして、点 A を複素数で表して、$x + iy = \cos\theta + i\sin\theta = e^{i\theta}$（**オイラーの関係式**）となります。

　つまり、円周上の点は e（ネイピア数と言います。値は 2.71828⋯ です）の虚数べき、つまり虚数を変数とした指数関数で表されるのです。

　三角関数が角度 θ の変化に対して周期的に変化する周期関数ですから、虚数べき $e^{i\theta}$ は回転を表すと言ってもよいのです。この式で、θ に π ラジアン（つまり $180°$）を代入すると、$\cos\pi = -1, \; \sin\pi = 0$ より

$$e^{i\pi} = -1$$

という関係式が得られます。

　$e = 2.71828\cdots$ という無理数と $\pi = 3.141592\cdots$ という無理数の演算が複素数を通じて -1 という整数に変換されるという驚くべき関係を表した式が導かれるのです。この式は深淵から浮かび上がってきた〝お化けのついた〟方程式と呼びたくなるほど、不気味だが深遠な式なのです。**オイラーの等式**と呼ばれています。

また、オイラーの関係式に $\theta = \alpha + \beta$ を代入すれば、

$$\cos(\alpha + \beta) + i\sin(\alpha + \beta) = e^{i(\alpha+\beta)} = e^{i\alpha}e^{i\beta}$$
$$= (\cos\alpha + i\sin\alpha)(\cos\beta + i\sin\beta)$$
$$= (\cos\alpha\cos\beta - \sin\alpha\sin\beta) + i(\sin\alpha\cos\beta + \cos\alpha\sin\beta)$$

が得られます。ここで、虚数単位の定義 $i = \sqrt{-1}$ より $i^2 = -1$ を使っています。

初めの複素数と最後の複素数を見て、実部と虚部がそれぞれ等しいわけですから、

$$\cos(\alpha + \beta) = \cos\alpha\cos\beta - \sin\alpha\sin\beta$$
$$\sin(\alpha + \beta) = \sin\alpha\cos\beta + \cos\alpha\sin\beta$$

が導かれます。これはまさに三角関数の**加法定理**ですね。

このように三角関数の加法定理は、指数関数のべき乗を指数関数の積に直す関係に起源を持つともいえるのです。

図 3.3 の加法定理の証明の図をもう一度見てください。ある角度回転するのを一つのオペレーション（演算）だとしましょう。最初に x 軸から α 回転した後に β 回転するという二つの引き続くオペレーションは、初めから $(\alpha + \beta)$ 回転するという一つのオペレーションと等価だということを三角関数で表したものが加法定理なのです。

---

③ 対数について

対数というのも、数学が苦手だと感じるきっかけになる

ことが案外多いようです。なぜこのようなものを考えるのか分からなくて、嫌になってしまうのでしょうか。

　そもそも対数とは、とてつもなく大きな数やとてつもなく小さな数を普通の大きさの数で表現する方法です。前節でべき乗について触れましたが、べき乗で増えていく数そのものや、べき乗で減っていく数そのものを扱うと非常に厄介ですが、これらを普通の大きさの数として扱えれば直感も働きますし、便利です。

　対数に限ったことではないですが、身近なものではないと感じられた瞬間に興味が失せる人は多いようです。私はまったく逆の人間で、子供の頃から身近なものにはあまり興味が湧かず、より抽象的なものや思弁的なものに興味を持つ癖_{へき}がありました。身近なもので興味があったのは魚（採り）、昆虫と雲や星くらいでしょうか。

　私のことはさておき、対数が身近に感じられなかった人はおそらく誤解しているのです。対数というのは、非常に現実的な意味があります。まずそのことから説明しましょう。数学としても現実問題としても大変重要な意味がありますので、そういう問題から入っていきましょう。

ねずみ算を考えよう

　対数の意味を知るのによい例として、ねずみ算があります。これを考えてみましょう。

　ねずみ算は、和算（江戸時代に盛んだった日本古来の数

学）の一種としておなじみです。吉田光由の『塵劫記』（1627年）が初出だと言われています。具体的な数字を入れて計算してみます。

　以下、一度生まれたネズミは死なないとします。また、ここではオスとメスを区別しないで、どのネズミもつがいになれると仮定します。これらの仮定はかなり現実離れしていますが、数学ではしばしばこういった極端な仮定を置いて問題を単純にして考えます。より現実的な仮定は必要に応じてその後に考えていくのです。

　こういうやり方は現実的な観点からは不思議な感じがするかもしれません。しかし、**極端な場合を最初に考えて問題に潜む本質的な構造をあぶりだしておく**のが、数学的な思考方法でもあるのです。

　では、ねずみ算を始めましょう。

　1月にネズミのつがいが現れ 18 匹の子供を産むと、ネズミの総数は次のようにして計算できます。つがいの数が 1、このつがいが 18 匹の子ネズミを産むので、親と併せて $1 \times 18 + 2 = 20$ 匹になります。

　2月にそれらがつがいを作りそれぞれが 18 匹の子供を産むと、ネズミの総数は、つがいの数が 10 でそれぞれのつがいが 18 匹ずつ子供を産むので、20 匹の親と併せて、$10 \times 18 + 20 = 200$ 匹になります。

　3月には同様にして、$100 \times 18 + 200 = 2000$ 匹になります。

それでは、12月にはネズミは何匹いるでしょうか？

これは、公比が 10 で初項（最初の親の数）が 2 の等比数列の問題です。したがって、12月には $2 \times 10^{12} = 2,000,000,000,000 = 2$ 兆匹になります。毎月 10 倍ずつ増えていくから指数的に（べき的に）増えていきます。

ウィルス感染者の増え方も表せる

こういう急速な増え方は、最近世界的な流行を見せている新型コロナウィルス感染症患者の増え方も同じですから身近な問題になっています。人為的な介入を何もしなければ、ウィルスに感染した人はある一定期間ごとに指数的に増えていきます。

一人が何人に感染させるかという数が、感染初期ではウィルス種に特有の感染率を表すので基本再生産数といわれ、感染拡大が起こっているときは、いろんな対策が講じられた結果を表すので実効再生産数といわれる数になります。

基本再生産数を R_0 と書くと、n 期間経てば、平均として感染者は $R_0{}^n$ になります。今回の初期のコロナウィルスの場合、R_0 はおよそ 2 から 3 の間だとみられますから、まさにネズミの増え方のような増え方になります。

こういうねずみ算的に増えていく数そのものを扱うのでは、とんでもなく大きな数の扱いが必要になってきます。これは大変ですね。そこでねずみ算的に、つまり数学的には**指数的に大きくなる数をもっと扱いやすい数に変換する**

方法を考えることが大事になってきます。

上の例だと問題は 10^{12} の部分ですから、この数をずっと小さなものとして扱うことを考えましょう。2兆の数も、べき（指数）の部分なら12ですね。2兆に比べると、12は圧倒的に小さな数ですから扱いやすい。そこで、$x = 10^{12}$ とおいて、$\log x \equiv 12$ というように「対数」を定義しましょう。log は対数を表す記号です。その意味は後ほど説明します。

そうです。対数というのは**べき乗の指数部分**なのです。こうすれば、大きな数をその指数部分という相対的に小さな数で表現することができます（図3.5）。

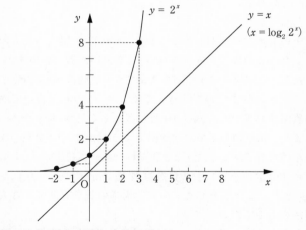

図 3.5　指数関数とその対数のグラフ

2 のべき乗（指数）関数 2^x と、2 を底とした 2^x の対数をグラフに示した。指数関数（$y = 2^x$）が x とともに急速に増加するのに比べて、その対数関数（$y = \log_2 2^x = x$）はゆっくりと増加する

対数を一般化しよう

　もっと応用が利くように一般化しましょう。$x = a^y$ に対して、$y = \log_a x$ と書いて、y を、a を底とする x の対数といいます。なお、y を指数、x を真数と呼びます。

　x や y を変数と考えると、y は x の**対数関数**であり、逆に x は y の**指数関数**だということができます。

　対数関数と指数関数は互いに逆関数の関係にあります。対数関数を考える意義は、変数の増加とともに指数関数的に大きくなっていくような関数を、その指数部分で見てみようというところにあるのです。

　上の $\log x = 12$ は、本来は $\log_{10} x = 12$ と書くべきものでした。このように底が 10 の対数を**常用対数**といいます。ただし、常用対数はよく出てきますから、底の 10 を省略することがありますので注意してください。log と書いて底が省略されていたら底は 10 だと考えてください。

　また、微分積分学で対数が出てくるときは、10 を底とする常用対数ではなく、前節で登場した $e = 2.71828\cdots$ というネイピア数を底にとる**自然対数** (natural logarithm) を log と書くことがありますので、大学の数学を勉強する人は注意してください。

　わざわざ底を書かないで常用対数と自然対数を区別するには、常用対数を log と表記し、自然対数を ln と表記します。ln は natural logarithm の先頭の文字から来ています。この表式に皆が従えば混乱はないのですが、数学書では必

ずしもこのルールが採用されているとは限らないので注意が必要です。

対数の計算で大事なのはこの公式だけ

対数の計算で大事なのは、$\log_a xy = \log_a x + \log_a y$ です。これだけと言ってもいいでしょう。あとの公式はこれから簡単に導けるからです。この公式を命題 3.1 としておきましょう。

命題 3.1

$a > 0,\ x > 0,\ y > 0$ として、
$$\log_a xy = \log_a x + \log_a y$$

この命題の証明は次のとおりです。

$s = \log_a x,\ t = \log_a y$ と置きます。

対数の定義より $x = a^s,\ y = a^t$ なので、$xy = a^{s+t}$。

再び対数の定義より、$s + t = \log_a xy$ なので、題意は満たされます。

$y = 1$ の場合を考えると、$\log_a 1 = 0$ が導けます。

また、$x = y$ とすると、$\log_a x^2 = 2\log_a x$ が得られます。

さらに、$y = x^{n-1}$（n は自然数）と置くと、$\log_a x^n = n\log_a x$ が数学的帰納法によって証明できます。

次に $y = \dfrac{1}{x}$ と置くと、$\log_a 1 = 0$ を使って、$\log_a \dfrac{1}{x} =$

$-\log_a x$ も導けます。

これから $n < 0$ のときも $\log_a x^n = n \log_a x$ が成り立つことが分かります。

$n = 0$ のときは $\log_a 1 = 0$ よりやはり成り立ちますから、n は整数でよいことが分かります。

対数の近似計算をしてみよう

対数の計算を面倒だと思う人は多いと思いますが、次の二つの数を覚えるだけで大抵の常用対数は表を見なくてもその近似計算ができます（真の値に近い値を「近似値」といい、これを計算することを「近似計算」、その行為を「近似する」といいます）。

私が使っている語呂合わせの覚え方も書いておきましょう。

$\log_{10} 2 = 0.3010$ （零点サライレ；皿入れ）
$\log_{10} 3 = 0.4771$ （零点シナナイ；死なない）

これは私が高校の時の数学の先生に授業で教えてもらったことですが、とても便利です。ずっと使い続けています。

例えば、底を 10 として $\log 57$ の近似計算をしてみましょう。次に出てくる記号 $\sim$ は近似（近い値をとる）という意味です。

$57 = 3 \times 19 \sim 3 \times 18 = 3 \times 3 \times 3 \times 2 = 3^3 \times 2$ として、

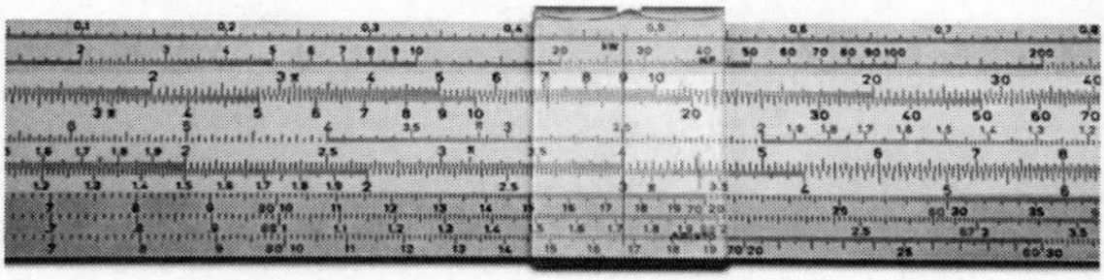

図 3.6 計算尺

対数の原理を用いて、掛け算・割り算や三角関数、対数などの近似計算が簡単にできるようになっている

$$\log 57 \sim \log 3^3 + \log 2 = 3\log 3 + \log 2$$
$$= 3 \times 0.4771 + 0.3010 = 1.7323$$

となります。実際の値は $\log 57 = 1.7558\cdots$ ですから、まあまあの近似値です。

昔は、対数の計算には対数表を使っていました。この対数表を最初に考案したのはネイピア数のジョン・ネイピアです（1614 年に発表）。1617 年にはヘンリー・ブリッグズがネイピアと議論を重ね、常用対数表を作成しました。

対数を使えば、掛け算は足し算に、割り算は引き算に変換できます（命題 3.1 の公式より）から、対数尺を使った計算尺（図 3.6）の発明は大きな数の計算を非常に楽にしたのです。1620 年にエドマンド・ガンターによって発明されました。

ヒトの感覚器では対数が使われている!?

　対数は、ヒトの感覚器の感度と密接に関係しています。感覚器、つまり耳や目、鼻、舌、肌などの器官は、外界からくる刺激を脳に伝える感覚情報処理の入り口です。

　例えば、音を例にとりましょう。音は音源の振動が空気を伝わって私たちの耳に届きます。音の高低は周波数の大小で表現されますが、音の物理的な強さ（大きさ）は電力と同じで仕事率（ワット、簡単に W と記すこともある）で表されます。音圧といってもいいです。

　ヒトの感覚は、1 W が 2 W になると違いに気づきますが、100 W が 101 W になってもその違いにはなかなか気づけません。では、100 W から音の大きさを上げていったとき何 W で初めて大きさの違いに気づくでしょうか。

　むろん音の感知能力は周波数によっても違ってきますので、正確な数値を出すためにはより精密に議論する必要がありますが、例えば 120 W くらいになれば大きさの違いには気づくでしょう。120 という数値自体が重要なのではなく、音が大きくなればなるほど音の差には気づきにくくなるということが重要です。

　実際さまざまな実験がおこなわれた結果、ヒトの音の大きさに関する感覚は、物理的な音刺激の大きさの対数になっていることが分かりました。すなわち、音の大きさの比が感覚にとっては情報になっていたのです。

　デシベルという音の単位を知っている人は多いと思いま

すが、それはまさに私たちの音感覚を表すために作られた単位です。デシベル単位で測った対象の音圧（音の大きさ、強さ）を音量といいます。

　ヒトは感覚刺激自体の違いではなく、その比の違いを感覚として受け取っているのです。これはヒトの感覚一般に対して成り立っている法則（経験則：理論から導かれた法則ではなく実験によって経験的に成り立つであろうと信じられている法則）で、ウェーバー則と言ったり、ウェーバー・フェヒナー則と言ったりします。

　10 W から 12 W への変化は区別できるとします。10 W の感覚値を 1 としましょう。12 W の感覚値を 2 とします。この 10 W と 12 W の違いの感覚と同じ感覚は、12 W の 1.2 倍である 14.4 W です。感覚値としては同じ 1 だけの違いがあるのでこれを感覚値 3 としましょう。

　このようにしていくと、S W の刺激量と対応する感覚値 R の関係は $S = 10 \times 1.2^{R-1}$ と書けることが分かります。ねずみ算のときと同じ形の式が現れました。初項が 10、公比が 1.2 の等比数列の第 R 項が S です。

　逆にヒトの感覚値は、刺激量の対数で表されます。今の例では、対数の底を 10 として、$\log S = 1 + (R-1)\log 1.2$ から R を S の関数として求めることができます。

$$\log 1.2 = \log \frac{12}{10} = \log 12 - \log 10 = \log(3 \times 2^2) - 1$$

$$\sim 0.4771 + 2 \times 0.3010 - 1 = 0.0791$$

より、

$$R = 1 + (\log S - 1)/0.0791 = 1 + 12.642(\log S - 1)$$

となり、感覚値は刺激量の対数で与えられることが分かります。

　比例係数は近似値を用いていますが、R が S の対数に比例することに変わりありません。このように、対数は私たち人間にとってとても身近なものなのです。

▌ 対数が脳の情報処理を可能にしている

　ウェーバー・フェヒナー則は音以外の感覚でも成り立ちます。例えば、におい物質の濃度に対して臭気指数というものがあり、これは人がにおいを感じる感覚を表したもので、臭気指数は物質の濃度の対数に比例します。

　音とにおいでは比例係数と実際の音圧、濃度をスケールする定数は異なっていますが、いずれもそれぞれの刺激に対する感覚は刺激の強さの対数に比例しているのです。

　視覚刺激に関する感覚も、やはりこの法則が成り立ちます。例えば、明るさは私たちの視知覚ですが、光の強度の対数に比例しています。また触覚も同様です。手に乗せた錘（おもり）の重さをどの程度重いと感じるかは実際の錘の重さの対数に比例しているのです。

　人の感覚器で対数が使われているのは自然の妙です。外界の刺激の強さをそのまま脳に送れば、その強度の大きさ

から神経細胞はきちんと反応できず、一切反応しなくなることでしょう。神経細胞はある一定以上の大きさの刺激を受け続けると疲労して反応しなくなります。また、ある程度強く反応すると不応期といって全く反応できない時間間隔が伸びてしまいます。

いずれにせよ、あまり強い刺激が脳に入ることは脳の情報処理を悪くしてしまいます。外界刺激の脳への入り口である感覚器のレベルで外界刺激そのものではなくその対数に変換しておけば、じつにマイルドな刺激として脳に伝えることができるのです。これによって神経細胞はちゃんと刺激に対して反応することができるようになります。

対数が、脳の情報処理を可能にしていると言っても決して過言ではありません。このように、対数は非常に身近で重要な情報を表現しているのです。

ネイピア数と自然対数

今度はお金の話で考えてみましょう。1年後に、元金と同じ額の利息になるような預金システムがあるとします。100％の利率ですから、現実的ではありませんが、**極端な場合を考えて、本質的な数理構造をあぶりだすのも数学の役目**です。

元金が1円だとすると、1年後には2円が手元に残ります。次に、期間を半分にして半年後には元金の2分の1の利息が得られるシステムの1年後の預金（元利合計）はい

くらでしょうか？

半年後には $1.5 = 1 + \dfrac{1}{2}$ 円の預金（元利合計）になり、これが元金になりますから、さらに半年後（合計で 1 年後）には $1.5 \times \dfrac{1}{2} + 1.5 = \left(1 + \dfrac{1}{2}\right)^2 = 2.25$ 円になります。つまり、複利計算ですね。

むろん現実にはこんなに良い金利はあり得ませんが、すぐに現実的な数値を当てはめるよりは計算が簡単になるように問題を設定して、問題の本質的構造の理解に注力するほうが良いことがしばしばあります。数学的意識の働かせ方です。

さて、それではこの複利計算を拡張してみましょう。

今、1 年を n 等分して各期間にそれぞれ元金の n 分の 1 の利息が得られるようなシステムを考えましょう。最初の元金が 1 円として、1 年後には預金（元利合計）はいくらになっているでしょうか？

答えは、$\left(1 + \dfrac{1}{n}\right)^n$ です。$n = 1$ と $n = 2$ の場合は今計算した通りです。

この分割の n をどんどん大きくしていったとき、n が無限大の極限（数学では $\lim$ という記号を使います。記号 $\lim$ は極限の英語 limit の略です。この記号の下に、何が何に限りなく近づくかが示されています）では、預金はいくらになるでしょうか？

$$\lim_{n \to \infty} \left(1 + \frac{1}{n}\right)^n = 2.71828\cdots$$ となることが知られて

います。

　これを e と表記してネイピア数と呼んでいます。ジョン・ネイピアは、この表式とは異なる表式から今日ネイピア数と呼ばれている数の近似値を求めていましたが、最初に対数を発見した功績で e をネイピア数と呼ぶようになりました。e をこのように極限で定義したのはヤコブ・ベルヌーイです。この e を底にとる対数が自然対数なのです。

　この e という数が、数学では大活躍します。レオンハルト・オイラーは微分積分学の観点から e に対して別の定義を与えましたが、これらの e は同じ値を持ち、同一であることが分かりました。これを理解するには微分・積分の知識が必要ですので、ここでは述べられませんが、とても興味深いものです。

　ネイピア数 e に関係したもう一つの深遠な話は、やはりオイラーから来ています。オイラーは数のべき乗について考察し、自然数べき、有理数べき、実数べきまでは定義されているが、複素数のべきが定義されていないことに気づきました。そこで e の純虚数べきを、三角関数を使って定義したのです。これが前節の最後で述べた**オイラーの関係式**です。

対数の語源は何だろうか？

　対数を数学では log という記号で表しました。数学が嫌いになる理由の一つに、やたら変な記号が出てくる、ということがあることは先にも触れましたが、数学で使われる記号にはギリシャ語や英語に語源を持つものが少なくありません。対数の log 記号も意味があります。

　これは、英語の logarithm（ロガリズム）の略ですが、logarithm はギリシャ語の logos＋arithmos から来ています。ギリシャ語の logos（ロゴス）は言葉、論理、理性など非常に多くのものを表現しますが、比例とか比率、割合といった意味もあります。

　対数の場合は、ロゴスを比率と理解するのがもっともその意味をよく表していると考えられます。arithmos は数のことです。つまり、対数、logarithm は**比率を表す数**という意味があります。日本語の対数という言葉はおそらく、指数関数の対応する指数部分ということではないかと思いますが、正確なところは分かりません。

　他方で、表面上はまったく違う意味で同じ表記の log があります。コンピューターでの「ログをとる」というように、記録をとる、あるいは記録、履歴をログと呼ぶようになりました。

　コンピューターのログはもともと航海日誌 logbook から来ています。航海記録をログブックと呼んだことから、コンピューターの入出力記録をログと呼ぶようになったよう

です。

コンピューターに入ることをログイン、出ることをログアウトというのもここから来ているのですね。ブログも web-log（ウェブログ：ウェブ上で記録をとる）の略です。

もっと面白いのは、船の速度の単位であるノット knot との関係です。一定間隔で結び目をつけたロープを丸太にくくりつけて、丸太を海に放り投げ、砂時計の砂がなくなるまでに手の中を何個の結び目が通っていったかを測ることで、昔は船の速度を計算していました。このことから、結び目の英語ノット knot が船の速度の単位になりました。1ノットはおよそ $0.514\,\mathrm{m/s}$（毎秒 0.514 メートル）です。

現代数学の幾何学分野に結び目の幾何学というのがあり、今では結び目は数学的に厳密に構造が解析され、分類されています。じつはこの結び目を一定間隔に並べたロープをくくりつけた丸太を、英語でログ log と言います。ログハウスのログですね。

航海日誌をつけることの基本は、今船がどこにいていつどこに着くかを記すことですから、まさに船の速度計測と密接に関係しているのです。このように、ログブックのログは船の速度を測る測程儀 chip log である丸太のログから来ているのですね。

以上のように、対数のログとコンピューターの記録を残すログは語源としては違っています。しかし、私は案外この二つの語源は関係があるのではないかと密かに思っています。

対数は指数関数的に増加するような巨大数や指数関数的に減少するような極微の数そのものではなく、その指数部分として定義されるものなので、桁を表す 0 の個数と考えて差し支えありません。

　とくに底が 10 の対数は十進数のまさに桁の数なのです。桁が上がるごとに 0 を記録していき、その履歴（ログ）を見ればそれが対数（ログ）になっています。

　言葉の語源は人々の意識、意図、暮らし方など文化と関係していますから一筋縄ではいかないのですが、それだからこそいろいろ調べて想像を膨らませるのも一興ではないでしょうか。

---

4 接線とは何だろうか？

「グラフ上のある点に接線を引く」「接線の傾きを求めよ」といった数学の問題が出されることがあります。「ある点における接線（の傾き）が一つに決まる」ことが理解できず、何本も引けるのではないかと混乱してしまう人もいるかもしれません。

　接線とはいったい何なのでしょうか。ここでは、「そもそも接線とは」ということから考えていきましょう。

　接線は英語では tangent line（タンジェント・ライン）です。この tangent というのは〝接する〟という意味で、line（線）は文字通り直線を意味していますから、接線は「何かに接する直線のこと」だということになります。

　ここで、「何か」というのを決めておく必要があります
が、平面上で定義された曲線のことだとしましょう。つま
り、問題にするのは平面上の曲線に接する直線で、これを
接線と呼ぶのです。しかし、すぐに次の疑問が頭をもたげ
ます。

　そもそも〝接する〟とはどういうことでしょうか。〝接す
る〟とは、〝単に触れるだけ〟ということです。では、〝単
に触れるだけ〟ではないのはどのような場合でしょうか。

　曲線と直線の関係の一例を、図3.7に示しました。まず、
〝交わる〟場合 (a) と、〝少なくともある有限の大きさの距
離で離れている〟場合 (c) の二つの場合が考えられ、この
二つとは違う場合が〝接する〟場合 (b) です。

　曲線と直線のこの関係から、あいまいさなく接線を定義
するにはどうしたらよいでしょうか。

　いま、図3.7(a) のように、曲線と直線が P, Q という2
点で交わっている場合を出発点とします。点 P を固定して
直線を少しずつずらして、点 Q を点 P に近づけていくこと
を考えましょう。

　Q が P に重なるとき（一致するとき）、点 P と Q の距離
はゼロになります。数学では、この点 Q の動きを臨場感の
ある言葉で伝えようとします。次のようにです。

「限りなく点 Q が点 P に近づくとき2点の距離は**無限小**
である」

　これが**極限**の考え方です。無限小とは、無限に小さいと

(a) 交わる場合

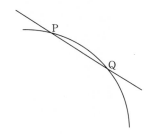

(b) 接する場合

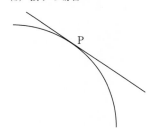

(c) 離れている場合

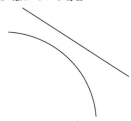

図 3.7　曲線と直線の三つの関係

いうことです。実質的には 2 点の距離はゼロなのですが、あくまで Q が P に近づくさまを〝限りなく近づく〟と表現することで、関数の連続性という性質と関数のグラフ上での点の動きを同じものとみなすことができるようになるのです。

こういう〝限りなく近づく〟という心の働かせ方は、数学という学問を独特なものにしているように思われます。現実社会では、このような心の働かせ方をすることはまれでしょう。しかし、そうやって得られた結果は現実社会の役に立ってきたのです。

まとめると、こういう**極限として捉えられる状況**が、**直線が曲線に触れる、つまり接するということ**なのです。

 ## 極限を考える

接するということ自体が極限概念であるゆえに、分かりにくさがあるのだと思われます。これを式で表すには微分の考え方が必要になりますが、次にこれを説明してみましょう。

図 3.8 のようにして、平面に（直交）座標 x, y を入れます。そうすると図形を式にすることができます。x 軸の変数を x、y 軸の変数を y で表しましょう。曲線の方程式を $y = f(x)$ と書いておきます。直線は $y = cx + d$ と表せます。

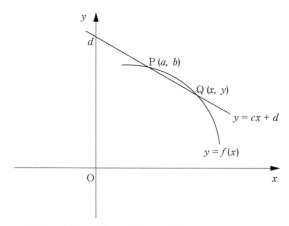

図 3.8 曲線と直線の交点 Q を点 P に限りなく近づける

　ここで、c と d はパラメーターで、これを変化させると直線の位置が変わります。d を変えないで c を変えれば、直線と y 軸の交点（これを y 切片といいます）は変わらず直線の傾きが変わっていきます。逆に c を変えないで d を変えていくと、直線の傾きは一定で y 切片が変わりますから直線が平行移動します。

　この方程式（関数）で表された曲線上の点 P での接線を考えたいのですが、先ほどのように、まず直線が曲線と 2 点 P, Q で交わっている場合を考え、次に点 P を固定して点 Q を限りなく点 P に近づけるプロセスを考えることにしましょう。

　点 P の座標を (a, b)、点 Q の座標を (x, y) とします。この二つの点は曲線と直線の交点なので、この 2 点では曲線の式も直線の式も満たすはずです。したがって、$y = f(x)$, $b =$

$f(a)$ が成り立ちます。

点 P を通り傾き c の直線の方程式は $y - b = c(x - a)$ ですから、y と b をそれぞれ関数の形に置き換えると、$f(x) - f(a) = c(x - a)$ が得られます。

ここで、点 P を固定して、点 Q を点 P に近づけることを考えます。つまり a と b を定数として、x を a に近づけることを考えます。x を a に近づければ、$f(x)$ が連続ならば $f(x)$ は $f(a)$ に近づくわけですから、x を a に近づけることだけ考えればよいのです。

$x - a \neq 0$ のとき、$f(x) - f(a) = c(x - a)$ の両辺を $x - a$ で割って、$\dfrac{f(x) - f(a)}{x - a} = c$ が成り立ちます。

 限りなく近づいたら何が起こるか？

ここで、先ほど注意したことが活きてきます。いきなり点 Q を点 P に一致させると $x - a = 0$ になり、この割り算ができません。あくまで点 Q は点 P に限りなく近づくのであり、決して一致はしないのです。2 点間の距離は実質 0 になっていきますが、0 と考えてしまうと割り算ができないのです。

それで、〝限りなく近づく〟という**極限概念**が大事になってくるのです。

数学では、そのための記号が用意されていて、関数 $f(x)$ に対して、x が限りなく a に近づくことを $\displaystyle\lim_{x \to a} f(x)$ と表

記します。

この記号を使って点 Q が点 P に（限りなく）近づくとき何が起こっているかを見ましょう。

式 $\dfrac{f(x) - f(a)}{x - a} = c$ の両辺の極限をとると、右辺の c は直線の傾きですから Q の x 座標、x とともに変化していきます。

直線を一つ決めたときはこの値は一定ですが、直線が変化していくと直線の傾きは Q の位置とともに変わっていきますから、x の関数と考えられます。そこで、これを $c(x)$ と書いておきましょう。

$$\lim_{x \to a} \frac{f(x) - f(a)}{x - a} = \lim_{x \to a} c(x) \quad となります。$$

接線を引くということの意味

図3.9に P を固定して Q を P に近づけるように直線を変化させていくようすを描きました。黒い線から薄いグレーの線へと変化していき、直線の傾きが変化していくようすが分かります。

ところで、そもそも $\dfrac{f(x) - f(a)}{x - a}$ は何を表しているのでしょうか。

今、点 P だけでなく点 Q も固定している状況を考えましょう。点 P からおろした垂線と点 Q から左に引いた水

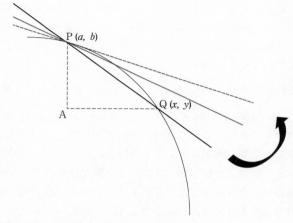

図 3.9 点 Q が点 P に近づく

平線の交点を A としましょう。すると、$-(f(x) - f(a))$ は線分 PA の長さを表し、$x - a$ は線分 QA の長さを表しています。

したがって、$\dfrac{f(x) - f(a)}{x - a}$ は $-\dfrac{\overline{\mathrm{PA}}}{\overline{\mathrm{QA}}}$、すなわち線分 PQ の傾きを表しています。ここで、$\overline{\mathrm{PA}}$、$\overline{\mathrm{QA}}$ はそれぞれ線分 PA、QA の長さを表します。つまり、この比で表される関数の増分（x 方向の変化に対する y 方向の変化率）が直線 $y = c(x - a) + b$ の傾き c そのものだということです。

では、点 Q を点 P に限りなく近づける極限をとったとき、$\displaystyle\lim_{x \to a} \frac{f(x) - f(a)}{x - a} = \lim_{x \to a} c(x)$ の意味するものは何でしょうか。

左辺は、ニュートンやライプニッツによって定義された関数 $f(x)$ の $x = a$ における**微分**です。つまり微分とは、変数の変化量を無限小にしたときの、変数の変化量に対する関数の変化量の比です。

　これを記号で、$f'(a)$ とか $\dfrac{df(x)}{dx}|_{x=a}$ と書いたりします。$f'(a)$ も正確に書けば $f'(x)|_{x=a}$ と書くべきで、$f(x)$ を x で微分した後に $x = a$ と置くという意味です。

　さて、すると問題にしている極限の式は $c(a) = f'(a)$ と書けますから、点 P で曲線に接する直線の傾きは点 P での曲線の微分だということになります。これで、点 P での**接線の方程式**が次のように求まります。

$$y = f'(a)(x - a) + f(a)$$

　大事なことは、曲線が与えられて、曲線上の点 P が与えられれば、点 P での接線は一意に決まるということです。つまり、ある点での接線は一つだけなのです。このとき、点 P を接点と言います。

　一般に n 次元空間のなめらかな $n - 1$ 次元曲面上の一点において一意に接する平面は $n - 1$ 次元の接平面です。これを一般的な言い方として $n - 1$ 次元接空間と言ったりします。これらは**接線の一般化**ですが、いずれも元の図形の**微分の構造**を表しています。

　2 次元平面での曲線に対する接線の大事な見方として、**接線はその点での曲線の近似**と見ることができます。直線は一次関数のグラフですから、曲線に接線を引くということ

は、曲線をグラフとして持つ関数を接点において一次関数で近似するという思想がそこにはあるのです。

---

⑤ 微分積分学 ──ニュートン、ライプニッツを訪ねて

前節で、接線を理解するには〝限りなく近づく〟という極限の概念を理解することが必要なことを述べました。この極限という概念は、微分という新しい武器を数学にもたらしました。

ニュートンは微分を含む方程式、すなわち微分方程式によって物体の運動を書き表すことが可能であることを発見しました。これによって、物体の運動をいちいち実験して調べなくても、計算によって**予測することが可能**になったのです。

人類は自然界の運動がどのように起こっていくかを予測することができるようになり、それが技術と結びついて、月にも行くことができるようになりました。さらに最近では日本が開発した小惑星探査機「はやぶさ」「はやぶさ2」によって、小惑星の構成物質をサンプルとして持ち帰ることもできるようになりました。これらはすべて、**微分方程式のおかげなのです。**

ニュートンの流率法

　次の「ステップ4」でも触れますが、アイザック・ニュートンは物体の運動の法則を確立し、数学によって力学を定式化しました。ニュートンの代表作は『自然哲学の数学原理』（フィロソフィエ・ナチュラリス・**プリンキピア・マテマティカ**／いわゆる『数学原理』）です。

　ここでいう自然哲学は、今日の自然科学、とくに物理学のことですが、ニュートンが実際この本で扱ったのは、抵抗のある媒質中の運動を含めた物体の運動、天体の運動、流体の運動、波動です。

　ニュートンはこの『数学原理』を出版する20年ほど前に、すでに今日の微分法に相当する流率法を定式化していました。

　ところが、この『数学原理』の中には微分法の記号が見当たりません。微分の考え方を述べている部分はあるのですが、微分記号を使った計算を一切しないで、古代ギリシャのユークリッドが『原論』（『ストイケイア』）の中でおこなった幾何学による証明を頑ななまでに真似ています。

　同じく積分記号も一切出てきません。有限区間での曲線と座標軸との間の面積を求めるのに今日の積分の方法を使っている箇所はありますが、曲線を切る、あるいは頂点の一つが接する有限の大きさの長方形の和を求めて、その長方形の幅が限りなく小さくなっても同じだという論法で幾何学的に証明しているのです。

　理由として考えられているのは、ニュートンの流率の記号が人々をすぐに納得させられるものではなかったので、記法のまずさから方法論の正当性を疑われたくなかったからだというものです。

ニュートンが考えたこと

　では、ニュートンの流率という概念はどのようなものだったのでしょうか。

　ニュートンは直線や曲線も物体の運動として考えました。物体がある時間の間に動く軌跡が直線になったり、曲線になったりします。その直線や曲線がまた運動すると平面や曲面が現れるという仕組みです。

　このとき、物体が微小時間で動く範囲はまた微小であるに違いありません。

　ニュートンはこの微小時間が0の極限を速さと考え、これを流率 (fluxio) と呼びました。1691 年頃の記法では量 v に対して 速さ = 流率 を $\dot{v}$ と書いたようです。

　ニュートンは、物体の運動の軌跡を二次元平面上の曲線 $f(x, y) = 0$ で表し、微小時間を o（オミクロン）と書いて、この間の軌跡の変化 $\dot{x}o, \dot{y}o$ を考えました。これも曲線上にあるので、$f(x + \dot{x}o, y + \dot{y}o) = 0$ が成り立ちます。

　例えば、$y = x^2$ で表される曲線が、微小時間 o の間動くと、

$$y + \dot{y}o = (x + \dot{x}o)^2$$
$$= x^2 + 2x\dot{x}o + \dot{x}^2o^2$$

他方、$y = x^2$ も成り立つので、

$$\dot{y}o = 2x\dot{x}o + \dot{x}^2o^2$$

両辺を $o \neq 0$ で割ると、

$$\dot{y} = 2x\dot{x} + \dot{x}^2o$$

右辺第 2 項は他の項に比べて十分小さいので、無視して、

$$\dot{y} = 2x\dot{x}$$

が得られます。

　さらにニュートンは、x と y の流率の比 $\dot{y}/\dot{x} = 2x$ が、曲線 $y = x^2$ の (x, y) での接線の傾きを与えると考えました。

　少し後でまた述べますが、ニュートンは曲線を $y = x^2$ とか $y = x^3$ といったべき関数（指数関数）の和（べき級数）で表せると考えていましたので、微分もべき関数の微分に注目し、その逆演算として積分を考えました。また、積分を曲線上の点と基準になる線（例えば x 軸）上の点を結ぶ線分の一様な運動ととらえ、これが微分の逆演算と一致することを示しました。

　しかし、ニュートンの記法が煩雑であったために、ニュートン流の流率法は広まらなかったのです。

ライプニッツの普遍数学：数学は世界を書き尽くす道具である

　他方でライプニッツは、今日読者が高校で習う微分積分の記号を発明しました。良い記号を使うことが数学を浸透させるのに重要だと、先にお話ししましたが、数学史上偉大な二人の記号法にも当てはまることなのです。

　しかし興味深いことに、ライプニッツの著作集の中の「数学論・数学」を見ても、彼はほとんどの箇所で極限概念としての微分を考えておらず、$\dfrac{dy}{dx}$ も（必ずしも小さくない）有限の値同士の比と考えて計算を進めています。唯一極限らしき考え方が出てくるのは曲線上の点の接線です。

　先ほど接線の話をしたときに、ある点 P を通る接線を定義するのに、その点と他のもう1点 Q を通る直線を考えて、徐々に直線を動かして交点 Q を P に近づける操作を行って接線を定義しました。これに近い考え方をライプニッツも採ったのです。

　基本的にライプニッツは、「計算」をし尽くすことで世界を記述し尽くすことを考えていました。それで彼は「普遍数学」という言い方をして、数学が世界を書き尽くす最適な道具（記号の総体）だと考えました。

　ライプニッツにとっては微分や積分は世界を記述する普遍数学の一つにすぎず、物体の運動とは無関係でした。

　ニュートンはケプラーが観測から得ていた3法則を微分方程式の解として、あるいは幾何学的な調和の中で証明す

ることができましたが、ライプニッツにはそれは不可能だったのです。その代わり、ライプニッツは論理学や代数学の発展に寄与することができました。こちらは逆にニュートンができなかったことでした。

ニュートンのたった一つの微分公式

　ニュートンにとっての微分の公式は、たった一つだけでした。ニュートンは無限に小さな量という概念をつかんでいたために、滑らかな曲線（物体の移動の軌跡）は小さい量のべき級数（数列の和を級数といいます）で書けることを知っていました。

　例えば、$y = f(x)$ のグラフはある曲線を表しますが、曲線上のある点の周りでの微分を使って曲線全体を表すことができます。この関数を $x = c$ の周りでべき級数に展開すると、
$$f(x) = a_0 + a_1(x-c) + a_2(x-c)^2 + \cdots + a_n(x-c)^n + \cdots$$
となります。

　ここで、$x - c$ は小さい量だと考えています。ニュートンは運動の軌跡はすべてこのような形に書けると考えていたようです。それで、ニュートンにとっての微分公式は現代流に書くと $\dfrac{dx^n}{dx} = nx^{n-1}$ だけでした。

　積分は微分の逆の演算で、nx^{n-1} から x^n を導く操作として $\displaystyle\int x^{n-1}dx = \dfrac{1}{n}x^n$ という積分を定義することができ

ます。微分ができるような滑らかな関数ならニュートンの考え方は正しいのですが、世の中には微分ができないようなものが多数存在します。

例えば、折れ線の角のようなところです。折れ線の角で折れ線に接する直線は無数に存在します。折れ線は二つの直線から成り立っていますが、この二つの直線も折れ線に角で接していて、さらに無数に角で接する直線を引くことができます。そのため、接線を一つに決めることができません。

接線のところで述べたことを思い出すと、このことは折れ線の角では微分ができないことを表しているのです。ですから、必ずしもニュートンの考え方は正しくないところもあるのですが、まずはそういう滑らかな運動の軌跡を考えたというのは大変筋の良い話でもあるのです。

つまずいたら基本に戻る

微分の公式もいくつもあるように見えますが、それらを覚える必要はまったくありません。三角関数や対数のところでも繰り返しお話ししましたが、すべての微分公式は、微分の定義に戻れば導くことができるからです。

基本は

$$\frac{df(x)}{dx} \equiv f'(x) \equiv \lim_{h \to 0} \frac{f(x+h) - f(x)}{h}$$

だけです。

積分は、微分の逆ですから、微分したものを知っていれば積分はすぐに思いつきますが、そうでないとなかなか難しいものです。知っている微分公式が現れるようにうまく式変形できれば積分も怖くはありません。

　分からなくなったら、『数学公式』や『岩波数学辞典』（いずれも岩波書店）を見ればよいでしょう。たくさんのヒントが出ています。実際、数学者や数学を使う仕事をしている人たちは、日常的にこの二つの書物のお世話になっています。

「数学のおもしろさ」を感じてみる

〝意味〟が分かれば見える世界が変わってくる

少しずつ「数学の階段」を登ってきて、ここが最後のステップです。これまでのステップでは、数学の基礎部分を中心に解説してきましたが、本章では内容が少し高度なものになります。ですが、ここまで読み進めてきた読者なら、ここで紹介する数学の核心部分を理解できることでしょう。

　もし理解できないところがあっても、そこは読み飛ばして構わないので、大まかな流れをつかんでください。数学を深めていくと、思いがけない世界が広がっていくことを感じるはずです。ごく一端ではありますが、ぜひその魅力に触れていただきたいのです。

　数学が秘めている可能性に触れて、数学の醍醐味の一端をご紹介したいと思います。ここからは、それぞれのテーマでどこを見ると数学がより楽しくなるかを説明してありますから、それを手掛かりに数学の世界に浸ってみてください。

1 ハウスドルフのものの測り方から次元を定義する

「ステップ2」で「ものを『測る』とはどういうことか」を考えましたが、ここではさらに踏み込んで考えてみます。

　定義2.1で〈ものの次元とは、そのものを測る物差しの次元である〉ということを見ましたが、今までの考えを一般化した図を図4.1に示します。これは、フェリックス・ハウスドルフ（1868—1942年）というドイツの数学者が考えた「ハウスドルフ次元」の考え方を示したものです。

176

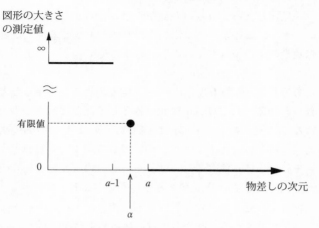

図 4.1 ハウスドルフ次元の考え方

これが、一般的な物差しの数学的な定義を与えます。ふだん自然数であることが当たり前だと思っている次元も、この物差しの考え方を突き詰めることで非整数になることが許されるのです。1.08 とか 3.4603 とか小数点以下が意味を持つような次元が実際に世の中には存在するのです。

ハウスドルフ次元の考え方に慣れましょう。そうすれば、未知の世界を存分に楽しむことができます。

ルイス・キャロルの『不思議の国のアリス』の世界のような不思議な世界が皆さんの目の前に現れます。実際、『不思議の国のアリス』に出てくる木の上のチェシャ猫が笑いだけを残して消える（"a grin without a cat"）ときの〝笑い〟に相当する実体のない残像を、私たちは数学の中に見ることができます。

一見何を言っているのか分からないという人もいると思いますが、このような文学的表現を彷彿とさせる現象が実際数学の中に現れてくることを以下で見ていきましょう。

　あるもの（図形や集合）を $a-1$ 次元の物差しで測ると大きさが無限大になり、a 次元の物差しで測ると大きさが 0 になる状況を考えます（a は自然数）。$a-1$ と a の間の次元（これをいま α とします）の物差しで測ると有限の大きさを持つように測れるならば、そのものの次元を物差しの次元で定義して α 次元であるということにします。
　図 4.1 を見ると、自然数 a に対して、$a-1 < \alpha < a$ となっていますから、α は自然数ではありません。1, 2, 3・・・という隣り合う自然数の間にある数ですね。つまり小数で表される数ということになります。
　このような場合、α を**非整数次元**と呼んだりします。こんなものが世の中にあるとは信じられないかもしれません。
　次元というのは、1 次元、2 次元、そして私たちが住んでいるのは 3 次元です。アインシュタインの相対性理論では、空間 3 次元と時間 1 次元の 4 次元が出てきます。私たちが知っている次元は、すべて自然数で表されています。非整数になる次元なんか出てきませんね。

 非整数の次元は空想にすぎない？

　それでは、非整数の次元は空想上のものにすぎないのでしょうか。

　じつは、現実の自然現象の中にも非整数次元は出てくることが発見されました。一般にカオス現象と呼ばれている現象を詳しく調べると、カオスアトラクターが非整数次元を持っているのです。

　ここで、**カオス**というのは、確率的な要素を一切含まない決定論的な方程式（微分方程式や差分方程式で表される。初期値を与えて方程式を解くと初期から無限時間後の未来までの軌道が一意に決まるような方程式のこと）から生成される、未来が予測不可能な軌道の振る舞いを言います。その軌道をカオス軌道と呼び、過渡現象を除いたカオス軌道の集合体をカオスアトラクターと言います。

　また、物理学で相転移と呼ばれる現象（水が氷になったり、水蒸気になったり、また金属が常伝導から抵抗０で電流が流れる超伝導へと変化するなど、物質の相が変わること）がありますが、相が変化するときの物質の状態も非整数次元で特徴づけられることが分かってきました。さらに、株価の変動なども、その背景には非整数次元が関係しているのです。

　これらを理解するために、**フラクタル幾何学**や**非線形力学系**など新しい数学が生まれました。ここでは、そのほんの一端だけをご紹介しましょう。

 非整数次元を持つものとはどんなものだろうか

　ゲオルグ・カントル（1845―1918 年）というドイツの数

学者が考案した奇妙な集合があります。一般に**カントル集合**と呼ばれているものです。これは今日、ベノワ・マンデルブロ（1924—2010年）が開拓したフラクタル幾何学で扱う**フラクタル集合**の一種です。

一例として、図4.2にカントルの三進集合の作り方を示しました。

まず、[0,1] 区間を考えます。つまり、1次元の座標値が0から1までの線分を考えましょう。これを3等分し、真ん中の線分を開集合として抜きます。

抜くのは $\frac{1}{3}$ と $\frac{2}{3}$ を含めないで、この間にある線分です。

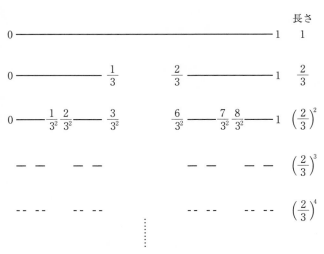

図 4.2 カントルの三進集合の作り方

記号で書くと、開区間 $\left(\dfrac{1}{3}, \dfrac{2}{3}\right)$ です。

残ったのは、端っこもその集合に含める閉集合である $\left[0, \dfrac{1}{3}\right]$ と $\left[\dfrac{2}{3}, 1\right]$ の和集合です。この閉区間の長さの総和は $\dfrac{2}{3}$ です。

同じことを繰り返しましょう。つまり、残った二つの閉区間それぞれに対して、また3等分し、真ん中の区間を開集合として抜きます。

残ったのは、$\left[0, \dfrac{1}{9}\right], \left[\dfrac{2}{9}, \dfrac{3}{9}\right], \left[\dfrac{6}{9}, \dfrac{7}{9}\right], \left[\dfrac{8}{9}, 1\right]$ の4閉区間の和です。

長さの総和は $\dfrac{1}{9} \times 4 = \dfrac{4}{9} = \left(\dfrac{2}{3}\right)^2$。

この操作を延々と繰り返していきます。無限回繰り返していったとき何か集合が残るでしょうか。

有限の n 回繰り返したときには、長さ $\left(\dfrac{1}{3}\right)^n$ の閉区間が 2^n 個残りますから、残った区間の長さの総和は $\left(\dfrac{2}{3}\right)^n$ になります。

ここで、n を無限大にすると、長さが無限に小さい（無限小と言います）区間が無限個（この場合は n が自然数ですから可算無限個）あることになり、長さの総和は0に近づいていきます。しかし、集合としては閉区間の無限個の

和ですから、何ものかが残っているのです。

　そうです。長さという実体は消えてしまっていますが、チェシャ猫の〝笑い〟のような何かが残っているのです。

三進数で考えてみる

　残った集合を、三進カントル集合と言ったり**カントルの三進集合**と言ったりします。なぜ、三進集合というのでしょうか。それは次のような事情によります。

　[0,1] 区間にあるのは 0 以上 1 以下の数ですが、これを通常は十進数で表して、0.31956… と書いたりします。十進数というのは 0 から 9 までの 10 個の数での表現を言います。

　デジタルコンピューターではプログラムや数値は二進数で表現されていますが、これは 0 と 1 の二つの数だけでの表現です。この二進数では、十進数の 0 は 0、1 は 1 ですが、2 は桁が繰り上がって 10 と表記します。3 は 11 です。4 はまた桁が繰り上がって 100 となります。

　同様にして三進数での表現は 0, 1, 2 の三つの数での表現になりますから、十進数との対応で言えば、0 は 0、1 は 1、2 は 2、3 は 10、4 は 11、5 は 12、6 は 20、7 は 21、8 は 22、9 は 100 などとなります。

　一般に p 進数で自然数 N を表現すると $a_0, a_1, \cdots, a_k$ をそれぞれ 1 桁目、2 桁目、$k+1$ 桁目の数として

$$N = a_0 p^0 + a_1 p^1 + a_2 p^2 + \cdots + a_k p^k$$

と表せます。$p = 10$ なら、よく知られた十進数の表現です。小数点以下の数も同様にして r を 0 以上 1 以下の小数とすると、

$$r = b_1 p^{-1} + b_2 p^{-2} + \cdots + b_k p^{-k}$$

などと表されます。以下に示すように k は無限までいくこともあります。

$[0, 1]$ 区間にある数を三進数で表現することを考えましょう。$\left[0, \dfrac{1}{3}\right]$ 区間にあるすべての数 x の三進表現での小数点第 1 位の数は、1×3^{-1} 未満ですから 0 です。ただし、端だけは例外で、$\dfrac{1}{3} = 1 \times 3^{-1}$ ですが、すぐ下に示すように、一桁目を 0 としてそれ以外の桁をすべて 2 とすることで $\dfrac{1}{3}$ を表現することにします。つまり記号 * で 0, 1, 2 の数のいずれも可能であることを表しておくと、$\left[0, \dfrac{1}{3}\right]$ にある数は 0.0* と表せます。

次に、$\left[\dfrac{1}{3}, \dfrac{2}{3}\right]$ にあるすべての数は、1×3^{-1} 以上 2×3^{-1} 未満ですから 0.1* と表せます。$\left[\dfrac{2}{3}, 1\right]$ 区間にあるすべての数は 0.2* ですね。ただし、$1 = 0.222\cdots$（2 が無限個続く）としておきます。正確に書くと、$1.000\cdots = 0.222\cdots$ です。左辺では 0 が無限個続き、右辺では 2 が無限個続くのです。

一見、気持ちの悪いこの表記は、等比級数の収束を見る

ことで証明できます。三進数で計算してもよいですが、読者の皆さんは三進数には慣れていないでしょうから、十進数で、$1 = 0.999\cdots$（9 が無限個続く）を示しておきましょう（左辺の 1 の意味も先ほどと同じで、小数点以下 0 が無限個続いているとみなします）。興味のある人は以下の図 4.3 を参考にしてください。

図 4.3　$1 = 0.999\cdots$（9 が無限個続く）の証明

初項が a、公比が $r(0 < r < 1)$ の等比級数は $a + ar + ar^2 + ar^3 + \cdots = \frac{a}{1-r}$ で与えられる。この証明は以下のように行う。$S = a + ar + ar^2 + ar^3 + \cdots$ とおいて、$rS = ar + ar^2 + ar^3 + ar^4 \cdots$ より、$S - rS = a$ となり、よって $S = \frac{a}{1-r}$ を得る。これを当てはめると、

$$0.999\cdots = \frac{9}{10} + \frac{9}{10^2} + \frac{9}{10^3} + \cdots$$

$$= 9\left(\frac{1}{10} + \frac{1}{10^2} + \frac{1}{10^3} + \cdots\right)$$

$$= 9 \times \frac{\frac{1}{10}}{1 - \frac{1}{10}} = \frac{9}{9} = 1$$

0 次元の物差しで測る

さて、このようにして得られる各小区間を三進数で表したものを図 4.4 に描いておきましょう。すると三進カントル集合は、0 と 2 だけで書ける数の集合だということになります。

では、この集合の次元を計算することはできるでしょうか。一見、難しそうに見えますが、これができるところが

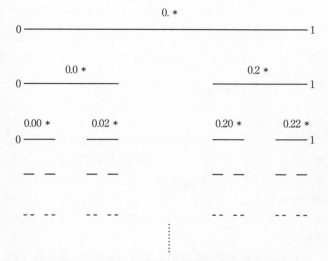

図 4.4　各操作の後で残った小区間の中にある数の三進表現
スター記号 * は 0, 1, 2 のすべての数が現れることを意味している

数学の素晴らしいところです。

　この集合の次元を物差しの次元として見る見方で、考えてみましょう。0 次元の物差し、すなわち点でこの集合を測るとします。操作を続けるとき、残った区間の数は 2 のべき乗で多くなり、操作を無限回おこなうと可算無限個になります。

　さらにこの無限小の閉区間たちの中には、非可算無限の数たちがギュッと詰まっています。つまり、点という物差しで三進カントル集合の大きさを測ると無限大になります。これは物差しがよくなかったということですね。

では、1次元の物差し、すなわち有限の大きさの線分でこの集合を測ってみましょう。先ほど見たように、残った区間の長さの総和は $\left(\dfrac{2}{3}\right)^n$ で小さくなっていき、操作回数 n が無限大になるとこの数は 0 になります。

　つまり、三進カントル集合は1次元の長さで測ると 0 になる集合なのです。

　すると、図 4.1 で示したハウスドルフ次元の考え方により、三進カントル集合の大きさを有限として測ることができる物差しの次元 α は、0 と 1 の間、$0 < \alpha < 1$ にある可能性があることになります。ただし、集合によってはこのような物差しがないこともありますが、そのような集合は計測不可能ということになります。

　もし集合を有限の大きさとして測れる物差しが存在すれば、それこそが集合の次元だと定義できるのです。三進カントル集合は実際にそのような物差しが存在する集合なのですが、物差しの次元は 0 と 1 の間、すなわち非整数ということになります。

　では、どうやって次元を計算したらよいのでしょうか。そのためには、次元というものを基礎から見直す必要があります。

　先ほどお話しした『不思議の国のアリス』の消えたチェシャ猫を思い出してください。残ったチェシャ猫の〝笑い〟を〝見る〟ために、新しい次元の角度で捉えてみようということです。

次元とはそもそも何だろうか?

p 次元の「立方体」を考えましょう。立方体と言えば3次元の立方体が頭に浮かぶと思います。便宜上、立方体という言葉は変えないで、いろんな次元の立方体を考えることができます。

例えば、1次元の立方体とは線分のことだと考えます。また、2次元の立方体とは正方形のことだと考えましょう。

では、4次元の立方体を想像できるでしょうか。

3次元の立方体の特徴を基本にして考えてみましょう。3次元の立方体は6個の正方形から成り立っていますが、立方体の各頂点(全部で8個あります)から3本の辺が出ていることで定義できます。この頂点から出る辺の数がまさに次元と一致します。

1次元の立方体は線分ですから頂点は2個あり、各頂点から1本の辺が出ています。2次元立方体は正方形のことで、4個の各頂点からそれぞれ2本の辺が出ています。これを表4.1にまとめておきます。

表 **4.1** $p=1, 2, 3$ の場合の立方体の頂点数と各頂点から出る辺の数

次元数	頂点数	各頂点から出る 辺の数
1	2	1
2	4	2
3	8	3

たった三つだけの情報ですが、なにやら規則らしきものが見えてこないでしょうか。そうです。各頂点から出る辺の数は次元の数と一致し、頂点数は次元 p に対して 2^p になっていそうです。

この規則を当てはめると、4 次元立方体は頂点数 16 個、各頂点から出る辺の数が 4 ということになりそうです。実際、これは正しいのです。$p = 4$ までのこれらの関係を表 4.2 にまとめておきましょう。

表 4.2　$p = 1$ から 4 までの立方体の頂点数と各頂点から出る辺の数

次元数	頂点数	各頂点から出る 辺の数
1	2	1
2	4	2
3	8	3
4	16	4

 ## 4 次元を 3 次元で表現する方法

4 次元の立体ですから 3 次元ではそのものの形を表現できませんが、4 次元立方体を 3 次元空間で表現することは、この頂点数と各頂点から出る辺の数の情報を使って可能になります。

一つの表現を図 4.5 に示しておきましょう。3 次元立方体の中にもう一つ 3 次元立方体があり、その各頂点が対応

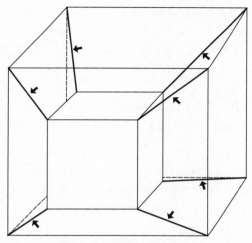

図 4.5 4 次元立方体の 3 次元空間での表現

する内外の立方体の頂点を辺で結ぶように表現されます。このようにすると、16 個の各頂点からはそれぞれ 4 本の辺が出ることになります。

　図では二つの 3 次元立方体の対応する頂点を結ぶ辺を矢印で示しています。奥の隠れた部分は描いていません。

　では p 次元の立方体の体積 V は、どのようにして求まるでしょうか。一辺の長さを r としたとき、$V = r^p$ が成り立ちます。

　ここで、立方体とは限らない有限の体積 V を持つ物体（あるいはなんらかの集合）を、一辺 ε の α 次元の N 個の立方体で物体を覆うようにかつ埋め尽くすことを考えます。

内側から埋める場合は隙間が出ないように、外側から覆う場合はあまりが出ないようにします。これは、εをどんどん小さくしながら N をどんどん大きくしていくことで実現できます。

この条件の下で、物体の体積は $V = N\varepsilon^\alpha$ で表されます。N は 0 ではないので両辺を N で割って、両辺の対数をとると、$\log \dfrac{V}{N} = \alpha \log \varepsilon$ となります。この場合、小さな立方体が物差しですから、ちょうどこの立方体で測って体積を有限の値にするような次元の物差しがあるかどうかが問題となります。

すなわち、式 $\log \dfrac{V}{N} = \alpha \log \varepsilon$ から、$N \to \infty, \varepsilon \to 0$ として、$V = $ 一定（ある有限の値）を保証する α を求めましょう。V は一定の値だと仮定しているので、どんどん N を大きくしていくと V/N はどんどん小さくなり、その小さくなり方は ε と同程度になります。このような次元 α は極限の記号を使って $\alpha = \lim\limits_{\substack{N \to \infty \\ \varepsilon \to 0}} \dfrac{\log N}{\log 1/\varepsilon}$ として求めることができます。

仮に N を有限の値に固定して ε を 0 に近づける極限をとると、分子は有限で分母が無限大になるので α は 0 になります。逆に、ε を有限の値に固定して N を無限大にする極限をとると、α は無限大になってしまいます。どちらの場合も正しい極限のとり方ではなく、正しい α を求めるには二つの極限は同時にとらねばなりません。

数学的にはもう少し厳密な書き方をしないといけないの

ですが、それでもこの式を使って次元を正確に計算することができます。

さて、この式を使って図 4.2 の操作に従って作ったカントルの三進集合の次元を求めてみましょう。

$\varepsilon = \left(\dfrac{1}{3}\right)^n$、$N = 2^n$ となります。ここで、n はカントル集合を作る操作の回数とします。n 回目の操作で、辺の長さ $\varepsilon = \left(\dfrac{1}{3}\right)^n$ の 1 次元立方体（線分）で、残った $N = 2^n$ 個の小区間を覆い、埋め尽くすことを考えるのです。

このように辺の長さをとると、1 次元立方体でこの集合を過不足なく埋め尽くすことができます。

すると、

$$\alpha = \lim_{n \to \infty} \frac{n \log 2}{n \log 3} = \frac{\log 2}{\log 3} = \frac{0.3010 \cdots}{0.4771 \cdots} = 0.63 \cdots$$

となります。つまり、三進カントル集合の次元は約 0.63 次元だということが分かりました。

これがチェシャ猫が消えた後に残った〝笑い〟の正体です。

フラクタルとカオス

このように、非整数の次元を持つ物体（集合）は数学的には存在可能なのですが、じつは自然界でも非整数次元を持つ現象が普遍的に存在することが 20 世紀後半に確立され

ました。先に触れたフランスの数学者マンデルブロは、このような物体（集合）を**フラクタル**と名づけました。

物体の相が変化する相転移という現象が物理学で知られています。温度を低温から高温に上げていくと、氷が水に変化し、水が気体に変化します。また、温度を高温から低温に変化させていくと、抵抗を伴って電流が流れる常伝導状態から抵抗 0 で電流が流れる超伝導状態に変化します。

このように温度のような制御パラメーターを変化させていったとき、ちょうど異なる層の境目のところで物質はフラクタルという性質を持ち、次元を測ると非整数になることも分かりました。

さらに 19 世紀後半には、**カオス現象**の存在が天体の軌道を予測する問題で数学的に証明されました。本ステップの初めにも触れましたがカオス現象とは、決定論的な法則や規則に従っているにもかかわらず、予測不能で不規則な振る舞いをする現象を指します。これは 20 世紀後半に**カオス力学系**として、数学的に定式化されました。

カオス現象を生み出す集合をカオスアトラクターとか奇妙なアトラクター（ストレンジアトラクター）と呼びますが、カオスアトラクターの次元はまた非整数次元になることが知られています。

次に図 4.2 を左の 3 分の 1 だけに圧縮したものを図 4.6 に描きました。図 4.2 と図 4.6 を見比べると全体が 3 分の 1 に縮小されただけで、最後に残る集合の本質は変わらないことに気づきます。

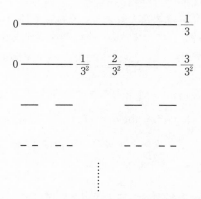

図 4.6 図 4.2 を 3 分の 1 にした三進カントル集合の作り方

物差しを 3 分の 1 にすれば前と同じ大きさとして測れる
はずです。つまり、図 4.2 の図形と図 4.6 の図形は**相似**で
あるということができます。例えば、二つの三角形を比べ
て、縮尺が違うだけで二つの角度が等しい（よって三つの
角度がすべて等しい）とき、この二つの三角形は相似であ
ると言います。

この相似の考え方はいろんなところに使えます。今考え
ている三進カントル集合も全体を 3 分の 1 倍しただけで他
の性質はすべて同じです。このような図形全体のどの部分
も相似関係にあるとき、次元の測り方を縮尺（スケール）
を変えるだけで求めることができます。これを次に示しま
しょう。

物体の体積は $V = N\varepsilon^{\alpha}$ で表されるところから再出発し
ます。物差しを $1/a$ $(a>1)$ に縮めて測るとき、測る小物体

193

が b $(b>1)$ 倍に増えたとします。それでも体積は同じになることを要請します。すると、次の関係式が成り立ちます。

$$V = N\varepsilon^{\alpha} = bN \left(\frac{\varepsilon}{a} \right)^{\alpha}$$

整理すると $b/a^{\alpha} = 1$ となりますから、$a^{\alpha} = b$、両辺の対数をとると、$\log a^{\alpha} = \log b$、したがって次元は $\alpha = \dfrac{\log b}{\log a}$ となります。三進カントル集合の場合は、$a = 3$ とすると $b = 2$ となりますから、前と同じく

$$\alpha = \frac{\log 2}{\log 3} = 0.63 \cdots$$

が得られます。

---

2 数学は不可能であることも証明できる

数学の大きな特長の一つは、不可能であることも証明できるということです。言い換えれば、「証明できない」ことも証明できるのです。

不可能問題と呼ばれている一連の問題があります。「……であることが不可能である」ということを証明しようという問題です。

不可能問題は、数学だけでなくどの分野でも、また社会生活を送る上でも、とても重要なものです。実際は解決が不可能である問題に対して、解決が可能かどうか分からないまま解決のための努力を続けるのはじつにむなしいことであり、大きな社会的損失だとも言えます。不可能問題は

難しいゆえに敬遠されがちですが、その構造の特徴が分かると、数学の楽しみ方もまた一味変わってきたりします。

　この節では数ある不可能問題の中で、高等な数学を使わなくて済む典型的なものを三つ取り上げますから、しばし頭の体操をしてみてください。

　むろん、本格的な証明は本書の域をはるかに超えますので、最初の二つの問題では証明の筋だけを追い、最後の問題はどういう問題かだけを述べることにしましょう。

一見シンプルな作図問題の三大難問

　まず、歴史的にもっとも古い不可能問題である古代ギリシャの「作図問題」を紹介しましょう。この問題は、「何を問題にすれば問題の筋道が立てられるか」という観点で見てください。

　作図問題とは、定規とコンパスだけを使って、与えられた図形を作図することです。古代ギリシャにおける作図問題の三大難問とは、次のようなものです。

(α) 立方体倍積問題
与えられた立方体の2倍の体積を持つ立方体を作りなさい。

(β) 円積問題
与えられた円と面積の等しい正方形を作りなさい。

(γ) 角の 3 等分問題

与えられた角を 3 等分しなさい。

　一見するとシンプルで、なんだかできそうな気がするかもしれません。ですがこれらの問題は 2000 年以上にわたって未解決で、やっと 19 世紀になって「いずれも不可能である」ことが証明されました。

　問題を明確にするために、**まず定規とコンパスを使うとはどういう意味か**を考えましょう。

1. 定規の役目は、2 点を直線で結ぶことです。
2. コンパスの役目は与えられた中心と半径の円を描くことです。小学生の頃にコンパスを使った経験のある人は、2 点から等距離にある点を求めるのにコンパスを使ったと思います。そのときも、それぞれの点を中心にした同じ半径を持つ円弧を描いて交わった点が求める点でした。

　さて、この二つの作業、1 と 2 だけでいったいどれくらいのことが可能になるでしょうか。

(1) 定規 1 回では、2 点を通る直線を引くことができます。つまり、2 点を通る直線の方程式は、定規を 1 回使うと表現できます。
　　具体的には、2 点の座標を $(a_1, b_1), (a_2, b_2)$ とすると、$(a_2 - a_1)y - (b_2 - b_1)x + a_1 b_2 - a_2 b_1 = 0$ という方程式を表現できるということです。

大事な点は、定規を 1 回使うという行為には演算として足し算、引き算、掛け算が含まれているということです。

(2) コンパス 1 回では、与えられた点 (a, b) を中心にして与えられた長さ r を半径とした円を描くことができます。

つまり、円の方程式 $(x - a)^2 + (y - b)^2 = r^2$ が表現できます。

ここで、長さをユークリッド距離（平面上の 2 点間の距離のこと。ちなみに通常の 2 次元に広がった平面をユークリッド平面と言います）で測ると、長さは各座標間の差の自乗の和の平方根になることに注意しましょう。つまり円の式からユークリッド距離

$$r = \sqrt{(x - a)^2 + (y - b)^2}$$

が定義できますが、ここで大事なのは、コンパスを 1 回使うという行為には平方根の演算が含まれているということです。

(3) 定規 2 回では、二つの直線の交点を求めることができます。

直線の式は一次式なので、二つの直線の交点を求めるとは二元連立一次方程式を解くことに相当します。つまり、

$$\begin{cases} ax + by + c = 0 \\ a'x + b'y + c' = 0 \end{cases}$$

の解として

$$x = \frac{bc' - b'c}{ab' - a'b}, \ y = \frac{a'c - ac'}{ab' - a'b}$$

と表現される点が求まります。

ここで大事なのは、定規を2回使うという行為には足し算、引き算、掛け算に加えて新たに割り算が含まれているということです。

(4) 定規とコンパスをそれぞれ1回ずつ使うと、直線と円の交点が求まります。

つまり、一次式と二次式の連立方程式を解くことと等価ですから、一つの変数を消去すると残りの変数の二次方程式を解く問題になります。

(5) コンパスを2回使うことは、二つの円の交点を求めることと等価ですが、方程式としては(4)と同様にして一つの変数の二次方程式を解く問題と等価になります。

定規とコンパスのこれ以上のどんな組み合わせも、結局のところ上の五つの場合に帰着できます。あとはこれらを繰り返せばよいのです。

なぜこの問題が解けないのか?

　それでは、三大作図問題について、なぜこれらが定規とコンパスだけを使っては解けないかを説明しましょう。

　まず (α) 立方体倍積問題です。一辺の長さ a の立方体の体積は a^3 で与えられます。この2倍の体積を持つ立方体の一辺を x とすると、$x^3 = 2a^3$ なので、これを解くと、$x = a\sqrt[3]{2}$ となります。

　つまり、2の立方根（三乗根ともいう）を求める問題なのですが、これは (1)–(5) の操作に帰着できません。したがって、立方体倍積問題は定規とコンパスだけでは作図できない問題であることが証明できました。

　じつはこの証明は完全ではありません。実際はなぜ2の立方根が (1)–(5) に現れる数と演算によって表せないかをきちんと言わないといけないからです。

　ここに現れる数は有理数と、平方根によって表される無理数です。演算は足し算、引き算、掛け算、割り算と平方根だけです。これらによっては2の立方根が表せないということ、言い換えれば、これらの数と演算記号を使っては表せない演算が立方根だということを示す必要があるのですが、それには「体」の概念を理解しておく必要がありますから、ここでは省きました。興味のある読者は巻末に参考文献をあげておきましたので、それらを参照してください。

次に、(β) 円積問題を考えましょう。半径 r の円の面積は πr^2 ですから、これと等しい面積を持つ正方形の辺の長さを x とすれば、$x^2 = \pi r^2$ を解いて、$x = r\sqrt{\pi}$ となり、円周率 π の平方根を求める問題であることが分かります。

　π は超越数といって、有理係数の代数方程式（有理数を係数に持つ多項式からなる方程式）の解にはならないことが証明されています。

　他方で、(1)–(5) では有理係数の一次と二次の方程式しか出てきませんでした。したがって、(1)–(5) の数と演算の組では π を表すことはできません。

　最後に (γ) 角の3等分問題です。与えられた角 θ を3等分するには、$\cos\dfrac{\theta}{3}$ が求まるならば半径1の円の中心から x 軸に沿って長さ $\cos\dfrac{\theta}{3}$ のところに点を打ち、そこから x 軸に垂直に直線を引いて円と交わる点と円の中心点を結べばよいことが分かります。

　$x = \cos\dfrac{\theta}{3}$ とおくと、既知である $\cos\theta$ と三倍角の公式（「ステップ3」の第2節で説明したように、二倍角の公式と加法定理から導けます。また二倍角の公式は加法定理から導けますから、結局三倍角の公式は加法定理を知っていれば簡単に導くことができます）を使って、$4x^3 - 3x - \cos\theta = 0$ を解くことに帰着します。

　ところがこれは三次方程式なので、(1)–(5) の数と演算を使っても表すことができません。

　以上が三大作図問題の概要です。

ケーニヒスベルクの橋問題を考える

　この問題も有名です。図 4.7 にケーニヒスベルクという町を流れていたプレーゲル川にかかっていた七つの橋の模式図を描きました。

　問題は、それぞれの橋を一度ずつ通ってすべての橋を渡

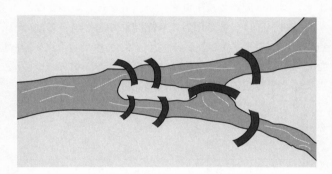

図 4.7 ケーニヒスベルクの橋

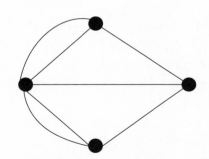

図 4.8 ケーニヒスベルクの橋のグラフ化
陸地は黒丸で、橋は黒丸を結ぶ線で表している

りきることができるかということです。これは一筆書きの問題でもあり、いろいろなところで話題にされる問題です。

レオンハルト・オイラーはこの問題を**グラフ**に直して解決しました。このグラフ理論は、今日いろいろな分野に応用され大きな成果を上げています。

オイラーは、この問題を図4.8のようなグラフに置き換えて考えました。黒丸は陸地を、黒丸を結ぶ線は橋を表しています。グラフ理論では黒丸を**頂点**、線を**辺**といいます。

一筆書きとは、ある頂点から出発して辺を通って他の頂点に到達するということを繰り返して、すべての頂点を通った時どの辺も一度ずつなぞるような書き方です。一つの頂点に結合する辺の数をその頂点の**次数**といいます。

一筆書きが可能な条件は何でしょうか。二つの場合があることに気づきます。

> **1** ある頂点から出発してその頂点に戻る場合、すなわち一筆書きが閉路になる場合

ある頂点 A から出発して、その頂点に戻る経路 L を考えます。通っていない頂点が残っていれば、先ほどの経路 L の中のどこかの頂点 B から出発してその残った頂点を通り B に戻る経路を考えます。さらに残った頂点があれば、この操作を繰り返します。

このようにすると、必ずどの頂点から出発しても一筆書きで元の頂点に戻れることが分かります。このときの**各頂点の次数はすべて偶数**です。

> **2** ある頂点から出発して別の頂点に到達する場合、
> すなわち一筆書きが開路になる場合

　ある頂点から出発して別の頂点に到達する経路 K を考えます。通っていない頂点があれば、その経路 K の中のどこかの頂点 C から出発してその頂点に到達して頂点 C に戻る経路を考えます。

　まだ残った頂点があれば同じ操作を繰り返します。このようにすると、次数が奇数の頂点から出発して次数が奇数の別の頂点に至る一筆書きが成立します。残りの頂点の次数はすべて偶数です。すなわちこの場合は、**奇数次数の頂点が二つで他の頂点の次数がすべて偶数**である場合になります。

　これら二つの場合以外は、一筆書きができないことも容易に分かります。では、図4.8のグラフはこの2条件を満たすでしょうか。頂点の次数は、5，3，3，3ですから奇数次数の頂点が四つあります。したがって、一筆書きの条件を満たしません。

　このようにして、オイラーはケーニヒスベルクの橋を一度だけ渡ってすべての橋を渡りきることは不可能だということを証明したのです。

　一見解決が難しそうに見える問題も、その本質を見抜いてうまく定式化することによって問題解決に至ることがあります。数学の強みはこういうところにあるのだと思います。

　オイラーのこの方法は問題に潜む、陸と橋の間の位相構

造のみに着目したところに特徴がありますが、実際この方法が一つの契機となり位相幾何学（トポロジー）という数学の分野が発展していきました。

 不完全性定理とはなにか

不可能問題の最たるものは、やはりクルト・ゲーデルの不完全性定理でしょう。これは 20 世紀で最大の数学基礎論の定理だと思われます。

数学基礎論は文字通り数学がよって立つ基礎を問う学問領域です。数をどのように基礎づけるか、証明とはそもそも何でどんな形式がありうるか、どのような計算が可能でまた不可能なのか、論理とは何でどのように基礎づけられるか、といった数学の基礎に関する研究領域です。

数学そのものに関して言及するので、しばしば**メタ数学**という言葉で語られたりします。メタ数学的言明とは、例えば「'1＋1＝2である' は真である」といったような言明です。「1＋1＝2」は数学的言明ですからその真偽に言及したことで数学に言及したわけです。不完全性定理を説明するのは本書のレベルを超えますからここでは説明は省き、内容だけを示しておきましょう。

1 第一不完全性定理

自然数論を含む算術体系が ω 無矛盾ならばその体系内で真であるとも偽であるとも証明できない命題が存在する。

━━▶ 無矛盾とは矛盾でないことです。矛盾とは命題Aとその否定命題 ¬A（Aではない）が同時に成り立つことです。Aが真ならその否定は偽です。またAが偽ならその否定は真ですから、無矛盾とは真でありかつ偽であるような命題が存在しない、つまりどんな命題も必ず真か偽かが決まっているということです。

ω 矛盾というのは、自然数によって指定された命題において、1番目の命題、2番目の命題、3番目の命題というように、可能な有限個の命題は矛盾がないことが証明されても、なおある番号の命題は矛盾する命題であるということを意味しています。ω 無矛盾とはこういった矛盾命題が一切存在しないことを意味しています。したがって、ω 無矛盾は無矛盾よりも強い要請（ω 無矛盾ならば無矛盾である）です。

ゲーデルの証明後に無矛盾な体系としてもこの定理が成り立つことがJ・バークリー・ロッサーによって証明されました。したがって現在では、第一不完全性定理は ω 無矛盾を無矛盾としても成り立つ定理として認識されています。

この定理はこの意味において真か偽かが決まっている算術に関する命題の体系には、真か偽かを体系内の規則や定理を使って証明できない（決めることができない）命題が存在するということです。

2　第二不完全性定理

自然数論を含む算術体系が無矛盾ならばその体系内で無矛盾性
自体を証明できない。

──▶　この定理は、真か偽かが決まっている算術に関する
命題の体系は、その体系の中の規則や定理を使っては自分
自身が矛盾していないことを証明することができない、と
いうことです。

　これはゲーデル文と呼ばれている命題 G と「G は証明で
きない」という命題が等価である（同じゲーデル数を持つ
ことでこれを示します）ことを示すことができる、言い換
えれば G と「G は証明できない」が等価であるような G を
体系の中で構成できる、ということを意味しています。

 計算不可能性

　不完全性定理と関係があるものに、計算不可能性があり
ます。これはアラン・チューリングが考えた計算機械（今
日のデジタル計算機の数学的基礎を与えた）によって何が
計算できて何ができないかという議論の中で明確になった
概念です。

　計算機にある問題を解かせることを考えましょう。これ
は、計算機にある入力を与えると、有限の長さを持ったプ
ログラムに従って計算し、有限の時間で正解を出力して停
止することを意味します（これを**停止問題**と言ったりしま

す）。これができない問題が存在する、すなわち有限のプログラムによって有限の時間内で正解を出して停止するかどうかを決定できない問題が存在する、ということが分かっています。

この問題も数学的にも応用的にも重要な問題ですが、本書の範囲を超えますので、このあたりにしておきましょう。

3 不確実で確実な世界

いよいよ本書も終わりに近づいてきました。そこで、本ステップの最後に、数学は「不確実な世界も扱える」ことを示したいと思います。

不確実な世界を記述するものの一つに、確率や統計があることを読者は知っているでしょう。ここでは確率や統計そのものではなく、確率概念が基礎にありながら確率的世界とは真反対の決定論的世界の話をします。

天体の観察と文明の発展

天体運動は、古くから人々の興味の対象でした。人々は、太陽が東から出て西に沈むことを繰り返すさまや、月が出て沈みということを繰り返すさま、あるいは天に輝く星たちの位置がずれては戻ることを繰り返すさまを観察することで、天体はそれぞれ周期的に運動しているという認識に至りました。

この認識に導かれて、多くの文明が発展してきました。星たちの運動に関する多くのデータが集められ、分析されていきました。その中からヨハネス・ケプラーは天体運動の3法則という経験則を発見しました。

　ケプラーの法則は、宇宙にたった2体の天体があるときの法則です。例えば、太陽と地球です。ガリレオ・ガリレイの絶対座標と慣性の法則をもとにして、ケプラーの法則を数学的に証明したのがアイザック・ニュートンでした。「ステップ2」のコラムでも触れましたが、アイザック・ニュートンは、リンゴが木から落ちるのに月はなぜ地球に落ちてこないのかという疑問から、個々の天体には天体の中心に向かう重力があり、天体間には互いに引き合う万有引力があることを発見したと言われています。

　リンゴは、地面に平行な方向の初速度がほぼ0なので、地球の重力に従って地球の中心に向かって落下します。月は地球のまわりをかなりの初速度を持って回り始めたので、その回転に伴う遠心力と万有引力がつりあうことで地球に落ちてこないのです。

 ## 微分方程式が予測可能性をもたらした

　後の科学の発展にとって非常に重要であったことは、ニュートンが**微分法**、**積分法**を自ら発明することでこれらの法則を**微分方程式**という数学形式に表現したということでした。これが科学に**予測可能性**をもたらしたのです。

　微分方程式というのは、微分が従う方程式のことです。つまり、方程式の中に微分に関する項が含まれているものです。ニュートンの運動方程式はこの微分方程式の形式で書かれています。天体の位置の時間に関する二階微分（一階微分は速度。さらにもう一回微分して加速度）が従う方程式です。

　これはまた、一階微分（速度）を別の変数だと見て変数変換すると二元連立一階常微分方程式になります。基本は一階微分だけが入った方程式で、それを二つ連立させたものが、ニュートンの運動方程式と等価な方程式です。

　一階微分の方程式は一般に、

$$\frac{dx}{dt} = f(x)$$

のような恰好をしています。ここで、$f(x)$ は x に関して微分可能な関数であるとしておきます。そうでない場合もあり得ますが、ふつうは微分ができるような関数で書かれていると仮定します。万有引力も微分可能な関数です。

　万有引力の法則と等価な方程式は、

$$\begin{cases} \dfrac{dx}{dt} = y \\ \dfrac{dy}{dt} = f(x) \end{cases}$$

のように書けます。ただし、x が位置、y が速度を表します。$f(x)$ は引力項です。

　微分方程式を解くとは、これらの方程式から微分の項をなくす演算を施して x と y を求めることです。すなわちこ

の演算が**積分**です。ここで重要なことは、微分方程式を解くためには、それぞれの変数に対する**初期条件**が与えられていなくてはならないということです。

つまり、位置と速度に関する適当な初期値を与えれば、天体の運動を支配する微分方程式を解くことができて、時間が0（任意に与えられた初期時刻）から無限大までの天体の運動が**一意**に決定します。

まさにこのことによって、微分方程式に支配された世界は与えられた初期値のもとで未来の運命が決定されるという意味で**決定論的**であるといわれます。逆に決定論的でない世界は、確率論的であったり、確率も定義できないような不定な世界です。

「ラプラスの悪魔」の世界観

ニュートンが天体の運動や地球上の物体の運動を微分方程式という普遍的な表現で書き下したために、ニュートン以降量子力学が成立するまでのおよそ250年間、決定論的世界観が人々の心を支配しました。

その典型的な考え方はピエール＝シモン・ラプラス（1749—1827年）によって与えられ、今日**ラプラスの悪魔**の名で知られる世界観です。すなわち、「もしも世界の無数の粒子のある時点での状態（初期状態）を正確に知ることができ、かつそれら粒子のその後の運動をすべて正確に解析し追うことができる知性が存在するならば、その知性にとっては世界はすべて確実なものとなる」という世界観

210

です。

　もし世界のすべての粒子が微分方程式に従って運動しているならば、まさに世界の未来は決まっていることになります。果たしてそうでしょうか。

　実際私たちは明日の運命を予言することはできず、常に想定外のことに遭遇します。ゲームが成立するのは未来が私たちにはわかっていない、不確定であるからです。

　物事を決めるときにジャンケンをするのは、それが公平性を担保する確率事象に基づいているからです。まず、石はハサミで切れないゆえにハサミより強く、ハサミは紙を切るので紙より強く、紙は石を包めるので石より強いというように現実的な仮定を置きます。

　これを抽象化して、石をグー、ハサミをチョキ、紙をパーというように人の手を使って記号化したとき、グーはチョキより強く、チョキはパーより強いが、そのパーはグーより強いという循環する推移性を表現できます。かつ、どの手を出すかは試行過程によらず独立であり、いずれも3分の1の確率です。

　つまり、だれが何を出すかは分かっていないことが、公平性を担保しています。サッカーの試合開始のときにおこなうコイン・トシング（硬貨投げ）も、表が出るか裏が出るか分からないからこそ公平性が担保されています。

　しかし、ラプラスは反論するでしょう。「それはあなた方人間の知性が不十分であるからだ。世界は微分方程式で書かれているのだから、世界の未来の状態を知りえないのは

あなた方人間の分析能力と知識の容量に限界がある（推論と記憶容量の有限性）からで、すべてを知りうる超越的存在がいればその存在にとっては未来は確定しているのだ」と。私たちはこの問題に挑戦しましょう。

未来は確定するだろうか？

　私たちは「世界のすべての粒子の運動が微分方程式で書かれたとして、果たして未来は確定するだろうか」と問いましょう。この問題に挑戦した数学者が19世紀後半に現れました。アンリ・ポアンカレ（1854—1912年）です。

　スウェーデン王のオスカル2世が出した問題に「天体が3個あったときの運動はどのようなものか」というのがありました。ポアンカレは、一つの天体の質量が他の2体に比べて十分に小さく、自身は他の天体から影響を受けるが自身の他の天体への影響は無視できるような**制限三体問題**を考察しました。ニュートンが解いた2体の場合に比べると方程式は複雑にはなりますが、決定論的方程式であることに変わりはありません。

　ポアンカレは、この連立微分方程式の解は、特別な運動を除いて一般的には数式を使って表せないことを証明しました。
　ここで特別な運動とは、例えば8の字形の閉曲線上を3体がぶつからないように同じ周期で運動するような周期運動のことです。こういった特殊な例を除いて、方程式があっ

てもその解を一般的な形で書けないことがあるのです。このように三体問題は、不可能問題という側面もあわせ持っています。

　さらにポアンカレは、三体問題には長期間の軌道の予測が不可能な非周期的な運動が存在することも証明することができました。この非周期運動は、式の形で表すことができないけれども紛れもなく方程式の解なのです。この運動が、今日**カオス**（あるいは決定論的方程式の解という意味で**決定論的カオス**）と呼ばれているものです。

 ## 決定論的カオスの存在が示すこと

　このような決定論的カオスの存在は、数学だけの問題ではなく実際の天体でも起こっていることが分かりました。1994年に木星に衝突したシューメーカー・レビー第9彗星の軌道が詳しく解析され、1964年あたりから決定論的カオス運動をしていたことが分かったのです。さらには、1960年代に日本と米国でカオス現象が電気回路と流体で発見され、また数学的な理論も現れました。

　1970年代から80年代にかけて、さまざまな分野でカオス現象が発見されるようになり、カオス現象は**非線形力学系**という数学分野の中で定式化されていきました。これを**カオス力学系**ということもあります。

　カオス力学系のカオス解には次の三つの特徴があります。可算無限個の不安定な周期軌道を含む、非可算無限の非周

期軌道を含む、自分自身に常に漸近する軌道を含む。この超越性によってずれが指数関数的に拡大されていきます。これが、決定論的方程式に従っているのに予測できない振る舞いをする理由です。

カオスの数学研究によると、硬貨投げのような確率が支配するランダム現象も決定論的カオスによって説明できます。このようにして、今日では決定論的である方程式の解の中には、未来の解軌道を正確には予測できないような軌道や、確率現象を生み出すような複雑でランダムな解軌道が存在しているということが分かってきました。

それだけではなく、無限の先まで解軌道を正確にトレースして初めて、出発点である初期の情報が正確に得られるという何とも不思議な構造も内包されています。常識的な時間構造、因果関係では到底理解しがたい構造が内包されているのです。むろん、数学によって私たちはこのような不思議な解軌道の構造も理解可能だということは強調しておかねばなりません。

少々形而上学的になりますが、決定論的カオスの存在は、たとえラプラスの悪魔のような正確な解析能力を持った超越的存在がいたとしても、軌道が出発した初期状態を寸分の狂いもなく正確には知ることができないのです。おそらく、世界の構造が決定論的カオスの存在を許すような幾何学的構造を持っているために確率現象が生じ得るのでしょう。長年人類が議論してきた哲学的難問も、数学によって解答が与えられるかもしれません。まさに数学の営みは、人々の心とともに続いていくものだと思います。

数学とは
どんな学問か？

数学の〝階段〟を登ると見えてくるもの

本書は、数学とはどんな学問かを考えてもらうために、数学がまず人間の基本的な営みに端を発していることから話を始めました。そして、数学という学問は基本さえ押さえればどんな人でも分かるはずだという筆者の信念に基づいて、いくつかの基本的なトピックスの理解からさらに次の段階へと発展して理解できるように工夫しました。

　数学がいつからか嫌いになった、なんとなく敬遠してきた、そもそもよく分からないし興味も持てなかったといった方々の意識が、少しでも変わってきていたら著者冥利（みょうり）につきます。

　著者の私にとっても、数学が苦手な人を意識して数学という学問をもう一度見直すことで、数学の持つ本質的な構造と役割が明瞭に見えてきました。そこで、それを基本に新しい視点を提供することで、もともと数学が好きな方にも本書が次の更なる高みを目指すきっかけになるという期待を込めて執筆しました。

　本書で基本に据えた「測定」「計算」「論理（推論）」を軸に、それぞれに関係するトピックスに潜む〝数学の心〟を感じていただけたなら、本書を読む前とは皆さんの見える世界は違ってきたはずです。

数学を飯の種にする

　本書はその性格上、高校数学までの範囲で多くの人がつまずくであろうトピックスを抜き出して新たな視点で解説しました。数学者が日常研究している数学はさらにその先

にありますが、本書で述べたようなものの考え方を徹底し一つ一つの概念を着実に理解していけば、誰でも高度な数学の心を理解できるようになります。

〝数学（だけ）で飯を食える〟人はほんの一握りにすぎませんが、〝数学を飯の種にする〟人はもっと多くいてよく、またそれは可能だと私は思っています。原理的には、〝数学を飯の種にする〟のは誰でも可能なはずです。数学という学問は、それくらい人にとって汎用性のある学問なのです。人の心の在り方を抽象化したものが数学だからです。

 新しい数学と今後の発展

「数学は人の心の動きを体現したものである」というのが、筆者自身が数学の学習や研究を通して得た直観ですが、このことは本書のどのステップで紹介した話題にも表れています。

数学は他の自然科学とは異なり、実験を伴いません。しかしながら近年においては、コンピューターの精度、計算速度、記憶容量が大幅に進歩したために、数値計算、数値解析が十分な厳密性をもって行えるようになり、〝正しい数値実験〟が可能になってきました。

精度保証付きの数値計算によって新しい数学現象が発見され、それらが**計算機援用証明**という数学の新しい証明の形と結びつき、数値計算の結果が厳密に証明されるという新しい数学の営みも現れてきました。これによって数学的な〝心の動かし方〟も、20世紀までのそれをはるかに超え

て広がりを見せるようになってきたのです。

　数学は、その内部にも、そして外部にも心を広げること
ができます。心の内と外の相互作用が、また新しい数学を
生み出します。

　本書でも少し触れたフラクタルやカオスは、物理学、化
学、生物学、天文学、工学、経済学など非常に広い分野で普
遍的にみられる現象を数学的に表現して成功した例です。

　そのほかにも、医療機関などで使われている**CTスキャ
ン**は、フーリエ変換の一般化であるラドン変換というもの
を撮像技術に応用したものです。また、連続だけれど時間
変化（時系列）が滑らかでなくギザギザで微分ができないよ
うな現象に対して、フーリエ変換に代わって**ウェーブレッ
ト変換**が発明されました。これは、石油採掘をより効率よ
く行いたいという人々の現実的な欲求から生まれた新しい
数学です。

　最近、**人工知能（AI）**の研究が三度（みたび）脚光を浴びています。
脳の構造の一部を模した人工ニューラルネットを搭載し、脳
研究、神経回路理論で探求されてきたニューラルネットの
学習則に従って経験を学習することで、人以上に優れた特
徴抽出ができる機械が提案されています。いわゆる深層学
習に基づいた人工知能ですが、これを基盤にした産業革命
が起こりつつあります。さらに、深層学習とは異なる他の
種類の学習を行う人工知能が現在数多く提案されています。

　他方で、これらを人の社会に役立てたり人間自身の能力
の拡張（オーグメンテッド・ヒューマン、いわゆる人間拡

張）に使ったりする計画を安全な形で進めるためには、AI
の数学研究が不可欠です。さらに、ビッグデータを扱うに
は統計学という数学の分野の知識が欠かせません。これら
の AI に関連した分野は、今後の数学の発展の一つの方向
性を示しています。

結局、数学とはどんな学問なのか

さて、結局のところ数学とはどんな学問でしょうか。

分野で大きく分類すれば、代数学、幾何学、解析学、応
用数学という四つの分野の集合体が数学だということにな
ります。内容から見ると、古典論理学をベースにして、測
ること、数えること、計算すること、作用すること、境界
を作ることといった「人の心の動きが行為として抽象化さ
れたもの」が数学であると言えるのではないでしょうか。

「作用すること」は、関数（や演算子）によって表現され、
「境界を作ること」は、ある形を決めたり、とくに形が指定
されていない領域に対して集合の列や数列の極限をとるこ
とを通して表現されます。少々高度な話になるので、本書
ではこの二つは中心のテーマにはしませんでしたが、間接
的には触れています。興味のある方は、集合と位相、実数
と極限に関する数学書を勉強するとよいでしょう。

境界を作り測ることは幾何学や解析学になり、数えるこ
とは代数学になり、計算すること、作用することは代数学や

解析学になっていったと思われます。分野で分類するよりも、こうした人の行為として分類するほうがリアリティーがあります。

　これまでお話ししてきたように、数学はすでにある対象を研究するのではなく、心に浮かぶ対象を抽出し、その構造を探求していくものだと私は考えています。このような特質があるから、数学は諸科学の共通言語になり得るのです。

　だからこそ、新しい数学は常に皆さんの内側にある普遍心に根差し、皆さんの心が内と外のインターフェイスにおいて諸現象と相互作用するときに活き活きと生まれてくるのではないでしょうか。このように考えると、脳のダイナミックな情報過程（認知過程）には必ず数学的構造が埋め込まれていると考えてよいように思えてきます。

　実際、筆者は脳の研究をするときに、このような観点に立って研究をしてきました。そして、いくつかの数学的構造を脳活動の中に発見してきました。そのことにより、ますますこの観点は正しいのではないかとの思いを強くしています。そして、脳研究を通して新しい数学を発見できるのではないかと期待しているのです。

　また、数学は人の心の動きだからこそ、人類が共通に抱える根源的問いにも答えることができるのだと思います。おそらく、その唯一の科学的方法ではないでしょうか。

　心を扱う宗教も根源的問いを発しますが、答え方は数学

と異なっています。どちらが優位というわけではありません。答え方の違う二つのものは、共存可能なのでしょう。

アルベルト・アインシュタインの言を借りると、「信仰のない科学は不完全だ。科学のない信仰は盲目だ」ということになるでしょう。

 ## 宇宙の原子の数から考えてみる

最後に、数学が持つ可能性の大きさを実感していただきたいと思います。

「プロローグ」のコラムで、囲碁の手の数を示しました。全部でおよそ 10^{360} 通りあることが分かりましたが、さらにここで、この「場合の数」と宇宙にある原子数を比較してみましょう。この数がいかに大きなものかを、感じてほしいと思います。

まず、宇宙にはいくつの原子があるのでしょうか。物質すべてを考えるのは大変なので、ここでは水素原子が物質の代表だと考えて、水素原子の数で宇宙にある観測可能な物質の数として見積もることにしましょう。

水素原子 $1g$ に含まれる原子数は、いわゆるアボガドロ数でおよそ 6×10^{23} 個です。太陽の質量はわかっていますから、これを全部水素原子に置き換えて、太陽の原子数は大体 1×10^{57} 個と見積もることができます。

銀河系にある太陽のような恒星の数は、数千億個といわれていますので、およそ 1×10^{69} 個の原子が含まれている

と考えられます。さらに、銀河の数はおよそ1千億個といわれているので、現在観測にかかっている（推定も含めて）宇宙の原子数は、およそ 1×10^{80} 個と見積もることができます。

　宇宙にはダークマターという観測にかからない暗黒物質がかなりの割合で存在すると考えられていますが、それらを考慮しても、上の10の80乗というオーダー（桁）はほとんど変わりませんから、この数をもって宇宙の原子の数と考えてよいでしょう。

 ## 心は宇宙より広い

　すると、どうでしょう。碁の手の可能な数は宇宙全体の原子の数よりはるかに多い、とても比べ物にならないほど多いことになります。たった一つのゲームの組み合わせの数を考えただけでも、宇宙の原子の数をはるかに超えてしまっているのです。

　人の営みは、もちろん碁だけではありません。もっと多様で多くの営みを行っています。これまで何度かお話ししてきたように、私は、数学は抽象的という意味で、人の心の表現だと考えています。プロローグにおいて、数学は人の心を表現する大きな言語体系であることを指摘しました。

　実際、「ステップ1」で見たように、数学の始まりの時期では、かなり具体的な心の動き（土地の面積を測りたい、な

ど）を表現していました。碁のようなゲームも、人の心の
表出です。ゲームには必ず規則（ルール）があり、そのルー
ルに従って進行していきます。そしてそこには、数学的構
造が埋め込まれています。

　人の営みは、すべて人の心の現れなのです。難しい言葉
で言えば、心の外在化ということです。そして、それを抽
象的に表現できるのが数学というわけです。

　ここで私が言いたいことは、上の概算で見たように**心は
宇宙より広い**ということなのです。私たちは宇宙の中に存
在しますが、私たちの心が生み出すものはある意味で宇宙
の物質量をはるかに超えて宇宙を包み込んでいるかのよう
です。そして、その**宇宙より広い心を表現できる**のが、**数
学という学問**なのではないでしょうか。

おわりに

　最初にお話ししたように、筆者は応用数学という、数学と諸分野が交錯する領域で研究をしてきました。物理教室では、非平衡統計物理の研究から入ったのですが、当時物理や化学の実験によって発見されていたカオス現象に興味を持ち、数理モデルを作って実験で得られていた現象を説明し、また未知の現象を予測するという研究をしていました。

　ここでのカオスとは、「ステップ4」の最後に解説したように、決定論的な法則の下で不規則で予測ができないような振る舞いをする現象のことを言います。これはこれで随分とうまくいき、当時としては大学院生ながらその分野の世界の第一線にいました。

　しかし、何かが足りないと思い、考えてみると物理の世界にカオスの理論というものがほとんどないということに気がつきました。結局何十年も前の数学にすでに、カオス現象を説明できる定理などがあり、それで再び数学に近づいたのです。数学は好きだが、数学の才能はないと自分で思っているので、他の数学者とは違うやり方を意識しました。

　並行して、なぜカオスにそんなにも惹かれるのかを考えました。カオスには代数的な構造が埋め込まれていて、しかも幾何学的には超越的で、それゆえに解析を拒絶するようなところがあり、それだからこそ情報論的には豊かな構造が保たれているのです。この点は研究対象として非常に

魅力を感じました。

　それにもう一つ、カオスには計算不可能であることを証明できるような構造も内包されているのです。この「不可能性が証明できるという対象が目の前にある」というリアリティーは、他のどのようなものにも感じることができないくらい強烈なものでした。この点を意識できたことで、カオスの中に宇宙を見ることができたのだと思います。

　そして、この二つの点から筆者は脳の働きに興味を持つようになりました。脳のダイナミックな活動や柔軟な情報処理過程にカオスが本質的な役割を果たしているのではないかと考えるようになり、今日まで数学をベースにした複雑系カオス脳理論を脳研究のスタンスにしています。

　本書で何度も触れてきたように、筆者は数学という学問は根本的なところで人間の心の動きを表したものだと思ってきました。

　人の心の研究は心理学という学問分野で行われていますが、そこでは人がどのように心を動かすのかを研究しています。それに対して、数学は心の動きそのものなのです。

　筆者がそう思うようになったのは、数学と社会の関係を考えていたのがきっかけです。過去から現代までの大きな社会変革を見てみますと、必ずといってよいほど数学的な革新がありました。

　最後に、エピローグの補足として、筆者が考える六つの社会変革について述べてみましょう。

1. 計量革命

　これは「測量」です。物の大きさを測ることが幾何学を作りましたが、これによって土地の整備、星の位置の観測、治水、都市建設などが革新し、古代都市国家が生まれる基礎ができました。

2. 予測革命

　ニュートンが物体の運動を力学という数学にまとめ上げ、解析学に革命をもたらしました。微分、積分はニュートンとライプニッツによって作られました。物体の運動は微分方程式によって記述され、そのことで物体運動の予測が可能になりました。正確な予測が可能になったことで、人々の生活様式は一変し、社会が急速に近代化しました。

3. 産業革命

　蒸気機関の発明が人々の暮らしを大きく変え、そして社会の構造までもが変わってきました。蒸気機関の発明で、熱力学という物理学の一分野になっている学問が整備されましたが、熱力学は数学的な構造を持っています。ここでは、偏微分方程式によって熱がどういった物体をどのように伝わるかを詳細に記述でき、このことが産業革命をさらに推し進めました。

4. 情報革命

　20世紀半ばになるとコンピューターが発明されます。コンピュータープログラミングは、代数学と密接に関係しています。代数学の発展がなければコンピューターは発明さ

れることはなかったでしょう。

5. 計測革命

　20世紀後半になると、望遠鏡にしても顕微鏡にしても、また人体を計測するさまざまな計測手法が格段に進歩しました。例えば、CTスキャン（コンピューター断層撮影）という人体を輪切りにして組織の異常があるかどうかを判定する計測手法は、先に触れたようにラドン変換という数学を原理として作成されました。CTスキャンの発明は1979年のノーベル生理学・医学賞に輝きました。

6. データ革命

　そして21世紀の今日、さまざまなデータが世の中にあふれ、それをうまく処理できるかどうかが重要課題になってきました。いくつかの学問的革新があり、データ革命が起こりつつあります。深層ニューラルネットの深層学習は複雑な画像を判別するのに有効だということが分かってきました。複雑な時系列データを解析するウェーブレット解析という数学も発明され、またカオス力学系を基礎に置くリザバー計算機という時系列の学習機械も生まれました。これらがネットワーク時代のデータ革命を支えています。

　ちなみに、インターネットも行列という数学を駆使することで現実のものになり、新たな社会基盤になりました。そういう意味では、インターネット革命と呼んでもよいでしょう。

　このように、各時代の新しい数学は社会の構造を大きく

変革してきたのです。人々の心が人々の生活様式を変え、社会構造の変革をもたらしてきたのです。

本書では数学がその原初的なところで人の心の状態を表現したものだという認識から出発し、いくつかの事例を通してこの意味において数学が本来は身近で親しみやすいものだということを解説してきました。

最後まで読まれた方は、数学に対してどんな感想を持たれたでしょうか。もし数学に対する印象が以前よりも良いほうに変化したなら、また、数学に対して自分のことのように親しみを持ち、さらに学んでみようと思ったならば、私の目的は達成されたと考えています。

「数学が苦手な人も数学好きになる本を書いてほしい」と講談社ブルーバックス編集部の家田有美子さんから打診があったとき、正直に言えば困惑しました。

私は人に分かりやすく説明するということが苦手だという意識を持ち続けてきたので、果たして読者に分かりやすく書くことができるだろうかという疑問がありました。筆者にとって数学は〝飯の種〟でありますし、実際23年間、北海道大学理学部数学科、大学院数学専攻で数学教育に携わってきて、さらにその前の5年半の間、九州工業大学情報工学部においても数学を教えてきました。大学生、大学院生レベルの数学には深く携わってきたわけですが、その教育のノウハウだけでは本企画を実行することは難しいだろうと思い、困惑したのです。

そもそも筆者には多くの人がなぜ数学嫌いになるのか、

数学に苦手意識を持つのかに対する理解が不足していました。しかしながら、数学が苦手だという編集子の、数学のトピックごとの疑問点を聞くうちに、ごく少数の基本的な事柄、非常に初等的な事柄の理解があいまいであることによって数学の面白みが分からなくなっているのだということに気づきました。

もしそうであるならば、この初等的なことにこそ本質があるという観点から執筆すれば、もしかしたら多くの読者に納得してもらえるものが書けるのではないかと一抹の光明を見出したのでした。

次なる問題は何を題材にするかということでしたが、これは数学が苦手だという人に数学のどこでつまずいたのかを聞く以外には知ることができないと考え、現在私が勤めている中部大学に付設の中学、高校の先生に聞き、さらには家田さんを通して数学苦手組から情報収集を行いました。

このようにして何とか本書を世に出すところまでこぎつけました。本当にうまくいったかどうかは読者諸氏のご意見を待たねばなりませんが、筆者としては最善を尽くしたつもりです。

本書で扱うべきトピックスのヒントを与えてくれた中部大学春日丘高等学校数学教諭の塚本芳栄先生、講談社ブルーバックス編集部の方たちに感謝します。なお、塚本先生には中学校、高等学校の数学教科書をお貸しいただきました。併せて感謝申し上げます。碁の「場合の数」に関するトピックでは、東京大学の合原一幸さんにチェックしていただきました。貴重なコメントに感謝します。そして、本書の編集を熱意をもって粘り強く担当してくださった編集部の

家田有美子さんに心よりお礼申し上げます。家田さんの分かりやすくするためのさまざまな指摘がなければ、やはり難解な本になっていたことは間違いありません。

　本書が、読者の抱いていた〝数学の常識〟を打ち破り、新しい数学観を持ってもらうことに貢献できたならば、これにすぐるものはありません。ここで獲得した新しい数学観をもって、新たに数学を学んでいきましょう。

参 考 📖 文 献

本書の理解を助けるための基礎になる参考書

一般書

1. 『複素数とはなにか』
   示野信一（講談社ブルーバックス、2012年）

2. 『虚数 i の不思議』堀場芳数（講談社ブルーバックス、1990年）

3. 『数学にとって証明とはなにか』
   瀬山士郎（講談社ブルーバックス、2019年）

4. 『いやでも数学が面白くなる』
   志村史夫（講談社ブルーバックス、2019年）

5. 『学問の発見』　広中平祐（講談社ブルーバックス、2018年）

6. 『数の概念』　髙木貞治（講談社ブルーバックス、2019年）

7. 『数学序説』　吉田洋一・赤攝也（ちくま学芸文庫、2013年）

8. 『心はすべて数学である』　津田一郎（文藝春秋、2015年）

9. 『20世紀の数学』
   笠原乾吉・杉浦光夫：編（日本評論社、1998年）

10. 『暮らしを変える驚きの数理工学』
    合原一幸：編著（ウェッジ、2015年）

専門書

1. 『プリンシピア　自然哲学の数学的原理』
   （第I編、第II編、第III編）
   I.ニュートン：著、中野猿人：訳・注
   （講談社ブルーバックス、2019年）

2. 『ライプニッツ著作集　第I期　新装版』
   （1論理学、2数学論・数学、3数学・自然学）
   G.W.ライプニッツ：著、下村寅太郎・山本信・
   中村幸四郎・原亨吉：監修（工作舎、2019年）

参考 文献

3. 『常微分方程式』　　　　　　　　　　　　V.I.アーノルド：著、
　　　　　　　　　　　足立正久・今西英器：訳(現代数学社、1981年)

4. 『微分方程式入門(基礎数学6)』
　　　　　　　　　　　高橋陽一郎(東京大学出版会、1988年)

5. 『微積分への道』　　　　　　　　雨宮一郎(岩波書店、2015年)

6. 『前頭葉のしくみ(ブレインサイエンス・レクチャー8)』
　　　　　　　　　　　虫明元：著、市川眞澄：編(共立出版、2019年)

さらに進んで学ぶための参考書

一般書

1. 『インフィニティ・パワー』
　　　　　　　　　　　S. ストロガッツ：著、徳田功：訳 (丸善出版、2020年)

2. 『X はたの(も)しい
　　　——魚から無限に至る、数学再発見の旅』
　　　　　　　　　　　S. ストロガッツ：著、冨永星：訳 (早川書房、2014年)

3. 『芸術脳の科学』 塚田稔 (講談社ブルーバックス、2015年)

4. 『脳・心・人工知能』
　　　　　　　　　　　甘利俊一 (講談社ブルーバックス、2016年)

5. 『脳の創造と ART と AI』
　　　　　　　　　　　塚田稔 (OROCO PLANNING、2021年)

6. 『創造性の脳科学
　　　——複雑系生命システム論を超えて』
　　　　　　　　　　　坂本一寛 (東京大学出版会、2019年)

7. 『脳の意識　機械の意識』 渡辺正峰 (中公新書、2017年)

参考 📖 文献

専門書

1. 『ポアンカレ　常微分方程式』　　　H. Poincaré：著、
福原満洲雄・浦太郎：訳・解説（共立出版、1970年）

2. 『非線形の力学系とカオス』（上、下）
S. ウィギンス：著、丹羽敏雄：監訳
（シュプリンガー・フェアラーク東京、1992年）

3. 『カオス』（①、②、③）
K.T. アリグッド・T.D. サウアー・J.A. ヨーク：著、
津田一郎：監訳（シュプリンガー・ジャパン、2006、2007年）

4. 『力学系』（上、下）
C. ロビンソン：著、國府寛司・岡宏枝・柴山健伸：訳
（シュプリンガー・フェアラーク東京、2001年）

5. 『力学系入門』
M.W. ハーシュ・S. スメール：著、田村一郎・
水谷忠良・新井紀久子：訳（岩波書店、1976年）

6. 『カオス学入門』　　合原一幸（放送大学教育振興会、2001年）

7. 『非線形問題1』　　　　　西浦廉政（岩波書店、1999年）

8. 『フラクタル幾何学』
ベノワー・マンデルブロ：著、広中平祐：監訳
（日経サイエンス社、1984年）

9. 『ウェーブレット』　　　　新井仁之（共立出版、2010年）

10. 『円周率πをめぐって』　上野健爾（日本評論社、1999年）

11. 『集合への30講』　　　　志賀浩二（朝倉書店、1988年）

12. 『位相への30講』　　　　志賀浩二（朝倉書店、1988年）

13. 『脳のなかに数学を見る（連携する数学1）』
津田一郎（共立出版、2016年）

14. 『複雑系のカオス的シナリオ』
金子邦彦・津田一郎（朝倉書店、1996年）

さくいん

N.D.C.410　238p　18cm

ブルーバックス　B-2179

数学とはどんな学問か？
数学嫌いのための数学入門

2021年 8月20日　第1刷発行
2021年10月 7日　第2刷発行

著者	津田一郎	
発行者	鈴木章一	
発行所	株式会社講談社	
	〒112-8001　東京都文京区音羽2-12-21	
電話	出版　03-5395-3524	
	販売　03-5395-4415	
	業務　03-5395-3615	
印刷所	（本文印刷）株式会社新藤慶昌堂	
	（カバー表紙印刷）信毎書籍印刷株式会社	
本文データ制作	藤原印刷株式会社	
製本所	株式会社国宝社	

ISBN978-4-06-524681-8

発刊のことば

科学をあなたのポケットに

　二十世紀最大の特色は、それが科学時代であるということです。科学は日に日に進歩を続け、止まるところを知りません。ひと昔前の夢物語もどんどん現実化しており、今やわれわれの生活のすべてが、科学によってゆり動かされているといっても過言ではないでしょう。

　そのような背景を考えれば、学者や学生はもちろん、産業人も、セールスマンも、ジャーナリストも、家庭の主婦も、みんなが科学を知らなければ、時代の流れに逆らうことになるでしょう。ブルーバックス発刊の意義と必然性はそこにあります。このシリーズは、読む人に科学的に物を考える習慣と、科学的に物を見る目を養っていただくことを最大の目標にしています。そのためには、単に原理や法則の解説に終始するのではなくて、政治や経済など、社会科学や人文科学にも関連させて、広い視野から問題を追究していきます。科学はむずかしいという先入観を改める表現と構成、それも類書にないブルーバックスの特色であると信じます。

一九六三年九月

野間省一